普通高等院校"十四五"规划教材

热加工工艺基础

（第 2 版）

刘云 许音 杨晶 马仙 编著

国防工业出版社

·北京·

内 容 简 介

本书主要介绍铸造、锻压和焊接三种毛坯成形的工艺基础知识。全书共三篇,第一篇铸造部分,包括铸造工艺基础、砂型铸造工艺方案、砂型铸件结构设计、特种铸造和常用铸件的生产;第二篇锻压部分,包括金属的塑性变形、锻造和板料冲压;第三篇焊接部分,包括电弧焊、其他常用焊接方法、常用金属材料的焊接和焊接结构设计与工艺设计。

本书可供普通高等工科院校以及高等职业技术学院机械类、材料类及近机械类专业师生使用。

图书在版编目(CIP)数据

热加工工艺基础 / 刘云等编著. —2 版. —北京:
国防工业出版社,2022.3
ISBN 978-7-118-12498-9

Ⅰ.①热… Ⅱ.①刘… Ⅲ.①热加工–工艺学 Ⅳ.
①TG306

中国版本图书馆 CIP 数据核字(2022)第 041432 号

※

国防工业出版社 出版发行

(北京市海淀区紫竹院南路 23 号 邮政编码 100048)
北京虎彩文化传播有限公司印刷
新华书店经售

*

开本 787×1092 1/16 印张 10¼ 字数 232 千字
2022 年 3 月第 2 版第 1 次印刷 印数 1—1000 册 定价 28.00 元

(本书如有印装错误,我社负责调换)

国防书店:(010)88540777 书店传真:(010)88540776
发行业务:(010)88540717 发行传真:(010)88540762

前　言

为贯彻教育部高等学校机械基础指导委员会关于《普通高等学校工程材料及机械制造基础系列课程教学基本要求》的精神,编者结合多年来从事金工教学工作的经验编写本教材。本教材是工程材料及机械制造基础课程的教学用书,它是普通高等工科院校以及高等职业技术学院机械类、材料类及近机械类各专业学生必修的技术基础课程。为了更好地适应专业调整及培养适用型人才的需要,建议学生经过一定时间的金工实习后开设本课程,这样学生对于本教材知识的掌握会由感性认识上升到理性认识的高度。

本书由刘云、许音、杨晶、马仙等编著;参加编写的有刘云(第二篇锻压部分的第七、八章);许音(第一篇铸造部分的第四章和第三篇焊接部分的第十二章);杨晶(第一篇铸造部分的第一、三、五章);马仙(第三篇焊接部分的第九、十一章);张文达(第一篇铸造部分的第二章和第二篇锻压部分的第六章);李艳(第三篇焊接部分第十章)。本书在编写的过程中,参考了一些同类教材编写特点和内容,力求使本教材语言更加精炼,内容更加科学和适用。本书学时为 32~40 学时。

本书承潘保武教授审阅,并提出宝贵意见,特致感谢。

限于学术水平,书中错误和不妥之处,敬请批评指正。

编　者
2021 年 11 月

目　录

第一篇　铸　造

第二篇 锻 压

第三篇 焊 接

第一篇 铸造

将液态金属浇注到铸型中,待其冷却凝固,以获得一定形状、尺寸和性能的毛坯或零件的成形方法,称为铸造。

铸造是历史最为悠久的金属成形方法,直到今天仍然是毛坯生产的主要方法。在机器设备中铸件所占比例很大,如机床、内燃机中,铸件占总重的 70%~90%,压力机占 60%~80%,拖拉机占 50%~70%,农业机械占 40%~70%。铸造获得如此广泛的应用,是由于它有如下优越性:

(1) 可制成形状复杂,特别是具有复杂内腔的毛坯,如箱体、气缸体等。

(2) 适应范围广。如工业上常用的金属材料(碳素钢、合金钢、铸铁、铜合金、铝合金等)都可铸造,其中广泛应用的铸铁只能用铸造方法获得。铸件的大小几乎不限,从几克到数百吨;铸件的壁厚为 1mm~1m 不等;铸造的批量不限,从单件、小批,直到大量生产。

(3) 铸造可直接利用成本低廉的废机件和切屑,设备费用较低。同时,铸件加工余量小,节省金属,减少机械加工余量,从而降低制造成本。

在铸造生产中,最基本的工艺方法是砂型铸造,用这种方法生产的铸件占总产量的 90% 以上。此外,还有多种特种铸造方法,如熔模铸造、消失模铸造、金属型铸造、压力铸造、离心铸造等,它们在不同条件下各有其优势。

第一章　铸造工艺基础

第一节　液态合金的充型

液态金属充满铸型型腔,获得形状完整、轮廓清晰的铸件的能力,叫做液态金属充填铸型的能力,简称液态金属的充型能力。液态金属的充型能力不仅受合金本身的流动能力的影响,同时又受外界条件,如铸型性质、浇注条件和铸件结构等因素的影响,是各种因素的综合反映。

液态金属本身的流动能力,称为"流动性",与金属的成分、温度及杂质含量等因素有关。

所以,液态金属的充型能力和流动性是两个不同的概念,要注意加以区分。

合金的流动性是指液态合金本身的流动能力,是合金重要的铸造性能之一。

浇注时,液态金属能够充满铸型是获得外形完整、尺寸精确和轮廓清晰的铸件的基本条件。液态金属充填铸型一般是在纯液态下充满型腔的,也有边充型边结晶的情况,即液态金属在填充过程中因散热而伴随着结晶。同时,铸型对液态金属的流动又存在着阻力和型腔中气体的反压力,这些都阻碍了液态金属的顺利填充。如果合金的流动性不足,在金属还没有填满铸型前就停止流动,则会造成铸件"浇不足"的缺陷。

金属的流动性对补缩、防裂和获得优质铸件有影响。良好的流动性能使铸件在凝固期间产生的缩孔得到金属液的补缩,以及铸件在凝固末期受阻而出现的热裂得到液体金属的充填而弥合,因此有利于预防这些缺陷。

流动性好的铸造合金,充型能力强,不仅容易浇出轮廓清晰、薄而复杂的铸件,同时还有利于液态金属中的非金属夹杂物以及气体的上浮和排出。流动性差的合金,充型能力也较差。在不利的情况下,则可能在铸件上产生"浇不足""冷隔"等缺陷。因此,在铸件设计与制订铸造工艺时,都必须考虑合金的流动性。

一、合金流动性的测定方法

合金流动性的大小,通常以螺旋形试样的长度来衡量。图1-1是常用的一种螺旋形试样。实验时,用同一试样模样造型,在铸型和浇注条件相同的情况下,将不同的液态合金浇入试样,按充填型腔的长度进行测定,流过的距离长就表示该合金的流动性好。由实验可知,在常用铸造合金中,灰铸铁、硅黄铜的流动性最好,铸钢的流动性最差。

二、影响合金流动性的因素

影响合金流动性的因素很多,除了合金本身的黏滞性和表面张力外,铸型是干型还是湿型,铸型表面的光滑程度,铸型的通气情况以及冒口、浇注系统的位置和构造,压力头和浇注速度等都能对流动性产生一定的影响。但影响流动性最重要的因素是化学成分和浇注条件。

(一) 化学成分

化学成分不同的合金,由于结晶特性不同,所以流动性也不同。共晶成分合金的结晶是在恒温下进行的,此时液态合金从表层逐层向中心凝固,由于已结晶的固体层内表面比较光滑

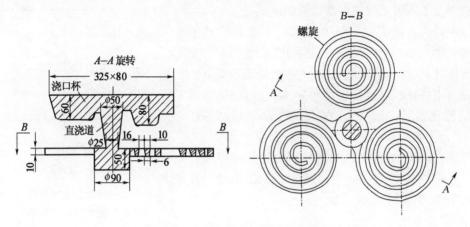

图 1-1　螺旋形流动性试样示意图

（图 1-2(a)），故对金属液的阻力较小。同时，共晶成分合金的凝固温度较低，相对来说，合金的过热度大，推迟了合金的凝固，故流动性较好。除纯金属外，其他成分合金是在一定温度范围内逐步凝固的，即经过液、固并存的两相区。此时，结晶是在截面上一定宽度的凝固区内同时进行的，由于初生的树枝状晶体使已结晶固体层内表面粗糙（图 1-2(b)），所以合金的流动性变差。合金成分越远离共晶成分，结晶温度范围越宽，流动性越差。

图 1-3 所示为 Fe-C 合金的流动性与含碳量的关系。由图可见，纯铁的流动性较好，随含碳量的增加结晶温度范围扩大，流动性下降，约在 $w_C = 2\%$ 处，流动性最差。亚共晶铸铁中越靠近共晶成分，流动性越好，在共晶成分处流动性最好。一般来说，铸铁的流动性比铸钢的好，这是由于铸钢熔点高不易过热，要使钢液得到较大的过热，必须增加电力和燃料的消耗，而且容易造成钢液吸气。另外，铸钢熔点高，在铸型中散热快，也使钢液很快地失去流动性。

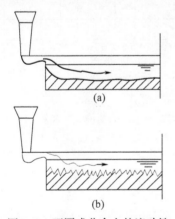

图 1-2　不同成分合金的流动性

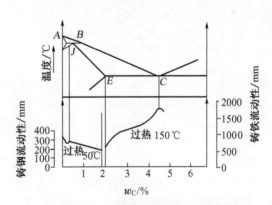

图 1-3　Fe-C 合金流动性与含碳量关系

不同的元素对合金的流动性有不同的影响。图 1-4 表示在铝液中加入各种不同元素时流动性的变化曲线。

铸铁中含磷量的增加，增加了磷共晶（熔点 950℃），降低了铸铁的凝固温度和黏度，因此提高了流动性。当铸造艺术品时，对铸件外形要求完整、轮廓清晰，而对铸件的力学性能要求不高，这时就常通过增加含磷量来提高铁液的流动性。但磷的增加会使铸铁变脆（冷脆性），所以一般情况下不要用磷来提高铁液的流动性。

铸铁中的含硫量高时（$w_S > 0.18\%$），一方面会产生较多的硫化物夹杂悬浮在铁液中，使黏度增大；另一方面铁液中含硫越高，越易形成氧化膜，使铁液流动性降低。

锰在自由存在时对流动性的影响不大，但与硫生成高熔点的硫化锰时（MnS 熔点在 1600℃ 以上），结晶较早，增加了合金的黏滞性，降低了铸铁的流动性。

增加硅含量可使合金的成分接近共晶点，可以改善流动性。在铸铁中加入硅，使共晶点向左移动，降低共晶成分的含碳量，流动性增加。

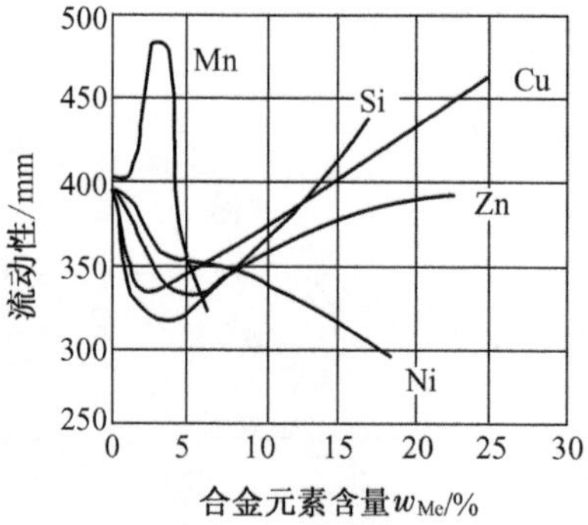

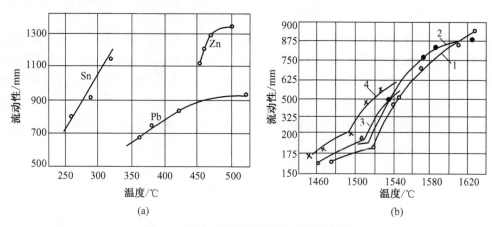

图 1-4　合金元素的加入对铝液流动性的影响

（二）浇注条件

1. 浇注温度

浇注温度对合金的充型能力有着决定性影响，如图 1-5 所示。浇注温度越高，合金的黏度越低，合金在铸型内保持液态的时间长，流动性好，故充型能力强。但浇注温度的提高，一方面受到熔炼条件的限制，另一方面浇注温度太高会使合金的吸气量和总收缩量增大，氧化严重，因而增加了造成其他类型缺陷的可能性。

图 1-5　液态金属的流动性与温度的关系

曲线 1：$w_C = 0.2\%$；$w_{Mn} = 0.29\%$，$w_{Si} = 0.61\%$；曲线 2：$w_C = 0.3\%$，$w_{Mn} = 0.26\%$，$w_{Si} = 0.56\%$；

曲线 3：$w_C = 0.39\%$，$w_{Mn} = 0.32\%$，$w_{Si} = 0.8\%$；曲线 4：$w_C = 0.72\%$，$w_{Mn} = 0.32\%$，$w_{Si} = 0.67\%$。

对于薄壁铸件或流动性差的合金，通过提高浇注温度改善充型能力的措施在生产中经常采用，也比较方便。但是，随着浇注温度的提高，铸件一次结晶组织粗大，容易产生缩孔、缩松、黏砂及裂纹等缺陷，必须综合考虑。一般来说，浇注温度要适当，每种合金都有一个适当的浇注温度范围。例如，一般碳钢的浇注温度为 1520~1620℃；铝合金的浇注温度为 680~780℃。薄壁复杂件取上限，厚大件可取下限。灰铸铁的浇注温度可参看表 1-1 的数据。

表 1-1　灰铸铁件的浇注温度

铸件壁厚 δ/mm	~4	4~10	10~20	20~50	50~100	100~150	>150
浇注温度 t/℃	1450~1360	1430~1340	1400~1320	1380~1300	1340~1230	1300~1200	1280~1180

2. 充型压力

液态合金在流动方向上所受的压力越大,充型能力越好。砂型铸造时,充型压力是通过直浇道所产生的静压力而取得的,故直浇道的高度必须适当。低压铸造、压力铸造和离心铸造时,因充型压力得到提高,所以液态合金的充型能力较强。

第二节 铸件的凝固与收缩

铸件凝固冷却过程中,其体积和尺寸减少的现象称为收缩。收缩是铸造合金本身的物理属性,是铸件中产生缩孔、缩松、裂纹、变形及残余应力等的根本原因。

一、铸件的凝固方式

铸件在凝固过程中,其断面上一般存在三个区域,即固相区、凝固区和液相区,其中对铸件质量影响较大的主要是液、固并存的凝固区的宽窄。铸件的凝固方式就是根据凝固区的宽窄(图 1-6(b)中 S)来划分的。

(一) 逐层凝固

纯金属或共晶成分合金均在恒温下结晶,在凝固过程中其铸件断面上的凝固区宽度等于0,图 1-6(a)所示断面上的固体和液体由一条界限(凝固前沿)清楚地分开。随着温度的下降,固体层不断加厚、液体层不断减少,直达铸件的中心,这种凝固方式称为逐层凝固。

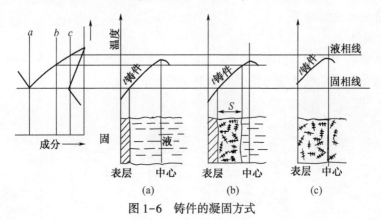

图 1-6 铸件的凝固方式

(二) 糊状凝固

如果合金的结晶温度范围很宽(图 1-6(c)),或铸件断面温度场较平坦,铸件凝固过程的某一段时间内,其凝固区域很宽,甚至贯穿整个铸件断面,这种情况为糊状凝固。

(三) 中间凝固

如果合金的结晶温度范围较窄(图 1-6(b)),铸件断面上凝固区的宽度介于逐层凝固和糊状凝固之间,则称这种凝固方式为中间凝固,大多数合金的凝固属于中间凝固。

二、铸造合金的收缩

当温度下降及液态合金由液态转变为固态时,因为原子由近程有序逐渐转变为远程有序,以及空穴的减少或消失,所以一般都会发生体积收缩。合金凝固完毕后,随着温度的继续下降,由于固态金属原子间的平衡距离缩短,也会产生收缩。

合金的收缩给铸造工艺带来许多困难,是产生多种铸造缺陷(如缩孔、缩松、裂纹及变形等)的根源。因此,它又是获得符合要求的几何形状和尺寸,以及致密优质铸件的重要铸造性能之一。

金属从浇注温度冷却到室温要经历三个相互联系的收缩阶段:①液态收缩,从浇注温度冷却到液相线温度的收缩;②凝固收缩,从液相线温度冷却到固相线温度的收缩;③固态收缩,从固相线温度冷却到室温的收缩。

合金的液态收缩和凝固收缩表现为合金的体积缩小,称为体收缩。体收缩过程中总有液态存在。当收缩得不到液态的补充时易形成缩孔。合金的固态收缩虽然也是体积的变化,但它只引起铸件外部尺寸的变化,因此,通常称为线收缩。线收缩是铸件产生内应力、裂纹和变形的主要原因。

不同合金的收缩不同。在常用合金中,铸钢的收缩最大,灰铸铁的收缩最小。灰铸铁收缩很小是由于其中大部分碳是以石墨状态存在的。石墨的比容大,在结晶过程中由于石墨析出产生体积膨胀抵消了合金的部分收缩。表 1-2 所示为几种铁碳合金的体积收缩率。

表 1-2　几种铁碳合金的体积收缩率

合金种类	含碳量 w_C/%	浇注温度 t/℃	液态收缩/%	凝固收缩/%	固态收缩/%	总体积收缩/%
铸造碳钢	0.35	1610	1.6	3	7.8	12.46
白口铸铁	3.00	1400	2.4	4.2	5.4~6.3	12~12.9
灰铸铁	3.50	1400	3.5	0.1	3.3~4.2	6.9~7.8

三、影响合金收缩的因素

(一)化学成分

金属及合金的种类不同则收缩率不同,且收缩率随合金元素含量的变化而变化。纯铁中加入不同合金元素时线收缩率变化情况如图 1-7 所示。

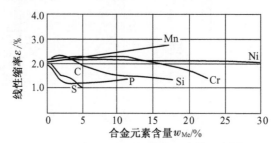

图 1-7　合金元素对纯铁线收缩率的影响

图 1-8 表示各种元素对钢液在 1600℃ 和 20℃ 时比容的影响,所谓比容即单位质量的物质所具有的体积。从图 1-8 中可知,钢液随含碳量的增多其比容增大,则冷却收缩时液态收缩率必然增加。

合金的凝固收缩率主要包括温度降低和状态改变(液-固转变)两部分,结晶温度范围大的合金,凝固收缩率也大。从铁碳合金状态图可知,碳钢的结晶温度范围随着含碳量的提高而扩大,凝固收缩率必然随含碳量增加而增加。

碳钢在固态冷却过程中发生了奥氏体(A)→铁素体(F)的相变,由于体心立方晶格的铁素体的比容比面心立方晶格的奥氏体的比容大,造成相变过程中产生体积膨胀。但在相变前,奥氏体冷却造成体积收缩,相变后珠光体、铁素体冷却同样造成体积收缩。所以钢的固态总线收缩率为

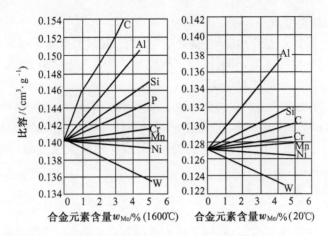

图 1-8 合金元素与钢的比容的关系

$$\varepsilon = \varepsilon_{相变前} - \varepsilon_{A \to F} + \varepsilon_{相变后}$$

式中　ε——固态线收缩率；

　　　$\varepsilon_{A \to F}$——相变过程中膨胀率；

　　　$\varepsilon_{相变前}$——奥氏体冷却线收缩率；

　　　$\varepsilon_{相变后}$——相变后钢的冷却线收缩率。

研究表明,碳钢的总线收缩率 ε 随着含碳量的增加而略有减小。如表 1-3 所列,其原因解释为含碳量影响奥氏体存在的温度范围,从而影响奥氏体收缩率。

表 1-3　碳钢的线收缩率 ε_l 与含碳量的关系

w_C/%	$\varepsilon_{相变前}$/%	$\varepsilon_{A \to F}$/%	$\varepsilon_{相变后}$/%	ε/%
0.08	1.42	0.11	1.16	2.47
0.14	1.51	0.11	1.06	2.46
0.35	1.47	0.11	1.04	2.40
0.45	1.39	0.11	1.07	2.35
0.55	1.35	0.09	1.05	2.31
0.60	1.21	0.01	0.98	2.18

注：表中碳钢的 w_{Mn} 为 0.55%~0.80%,w_{Si} 为 0.25%~0.40%。

灰铸铁中碳是形成石墨的元素,硅是促进石墨化的元素,碳硅含量高,则碳主要以石墨状态存在。石墨比容大,在结晶过程中,析出的石墨产生体积膨胀,抵消了部分收缩,因而碳硅含量越高,收缩越小。硫能阻碍石墨的析出,使铸铁的收缩率增大,但适量的锰可与硫结合成 MnS,抵消了硫对石墨化的阻碍作用,使收缩率减小。若含锰量过高,铸铁的收缩率又有所增加,灰铸铁的自由线收缩率 ≤1%。

（二）浇注温度

当合金从浇注温度 $t_{浇}$ 冷却至开始凝固的液相线温度 $t_{液}$ 时,合金处于液体状态,在此期间发生液态收缩,合金的液态收缩会引起型腔内液面的降低,它是铸件内形成缩孔的原因之一。对于同一成分的铸造合金而言,液相线温度 $t_{液}$ 是一个常数,因此浇注温度 $t_{浇}$ 越高,液态合金的过热度($t_{浇} - t_{液}$)越大。液态合金过热度大,则液态空穴增多,原子间距增大,因而液态收缩率与液态合金的过热度($t_{浇} - t_{液}$)成正比,浇注温度越高,液态体收缩率就越大。

（三）铸件结构与铸型条件

合金在铸型中一般并不是自由收缩，而是受阻收缩，其阻力来源于以下两个方面：

（1）铸件各个部分冷却速度不同，因相互制约而对收缩产生的阻力。

（2）铸型和型芯对收缩的机械阻碍。

显然，铸件的实际收缩率比合金的自由线收缩率小。因此，在设计模样时，必须根据合金的品种、铸件的具体形状和尺寸等因素，确定适当的收缩率。也就是说，为防止因合金线收缩引起铸件尺寸的减小，往往采用加大模样的办法，而模样的放大量是根据选用适当的线收缩率，借助于"缩尺"来实现的。

四、缩孔的形成机理及防止措施

（一）形成机理

液态金属在铸型内凝固的过程中，由于液态收缩和凝固收缩，体积缩减，若其收缩得不到补充，则在铸件最后凝固的部位形成孔洞。大而集中的孔洞叫做缩孔，小而分散的孔洞叫做缩松。

1. 缩孔

下面以圆柱体铸件为例来讨论缩孔的形成过程，如图 1-9 所示，假定所浇注的合金为共晶成分的合金。

液态合金充满了型腔，如图 1-9(a) 所示，并通过型壁向外散热，从而使铸件截面上自中心向外缘温度逐渐递减，随着热量的不断传出，合金液将产生液态体收缩，但它将从浇注系统得到补充，故在此期间型腔总是充满着合金液体。

当铸件外缘的温度降到固相线温度以下时，铸件表面凝固成一层硬壳，假定此时内浇道也已无法补充，所形成的硬壳就像一个封闭的容器，紧紧包住内部的合金液，如图 1-9(b) 所示。

当进一步冷却时，壳内的合金液一方面因温度继续降低而发生液态收缩；另一方面由于硬壳增厚而产生凝固收缩，这两者的收缩因得不到补偿而使液面降低。与此同时，固态硬壳同样因温度降低发生固态收缩而使铸铁外表尺寸缩小。但是由于合金的液态收缩和凝固收缩远远超过外壳的固态收缩，因此液面与外壳的顶面脱离，如图 1-9(c) 所示。随着凝固继续进行，硬壳不断加厚，液面将不断下降，待合金液全部凝固后，在铸件内部就形成一个倒锥形的缩孔，如图 1-9(d) 所示。如果硬壳内的合金液含气量很小，那么当液面和硬壳顶面脱离时，缩孔内就会形成真空，上表面的薄壳在大气压力作用下就可能向缩孔方向凹陷进去。因此缩孔应包括外面的缩凹和内部的缩孔两部分。

铸件凝固完毕之后，其体积在固态下仍将随着温度逐渐下降到室温而不断缩小，如图 1-9(e) 所示。

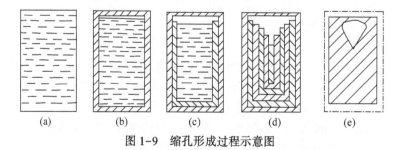

(a)　　　　(b)　　　　(c)　　　　(d)　　　　(e)

图 1-9　缩孔形成过程示意图

纯金属和共晶成分的合金以及结晶温度范围窄的合金易形成集中缩孔。

2. 缩松

缩松的形成虽然也是由于合金的液态收缩和凝固收缩未能得到补充所致,但具体原因与集中缩孔相比具有特殊性。

缩松主要出现在呈糊状凝固方式的合金(结晶温度范围较宽)中或断面较大的铸件壁中。图1-10为缩松形成过程示意图。图1-10(a)所示为合金液充满型腔,并向四处散热。图1-10(b)所示为铸件表面结壳后,内部有一个较宽的液相和固相共存的凝固区域。图1-10(c)、(d)所示为继续凝固,固体不断长大,直至相互接触,此时合金液被分割成许多小的封闭区。图1-10(e)所示为封闭区内液体凝固收缩时,金属液体得不到补充,而形成许多小而分散的孔洞。图1-10(f)所示为固态收缩。

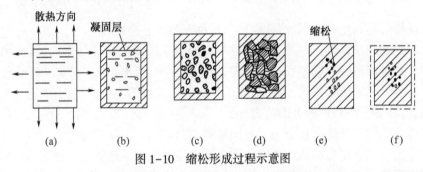

图1-10 缩松形成过程示意图

缩松一般出现在铸件壁的轴线区域、热节处、冒口根部和内浇道附近,也常分布在集中缩孔的下方。

(二) 防止措施

缩孔和缩松都会使铸件的实际强度降低。一方面是由于缩孔和缩松减少了铸件受力的有效截面;另一方面在缩孔和缩松的附近会产生应力集中现象,从而使该部分金属强度大为削弱。承受液压和气压的铸件(如阀体、泵体及气缸体等)往往因缩孔或缩松而在水压实验时发生渗漏现象,达不到耐压指标而报废。

为防止铸件产生缩孔和缩松,应采取一定的工艺措施控制凝固过程,实现定向凝固。所谓定向凝固,就是在铸件可能出现缩孔的热节处,即内接圆直径最大的厚实部位,通过增设冒口或冷铁等一系列工艺措施,使铸件远离冒口的部位先凝固,然后是靠近冒口部位凝固,最后才是冒口本身凝固。按照这个冷却顺序,使铸件各个部位的凝固收缩均能得到液态金属的补缩而将缩孔转移到冒口之中,冒口为铸件的多余部分,在铸件清理时予以切除。图1-11为铸件实现定向凝固示意图,远离冒口的薄的部分先凝固,然后有序地向着冒口或浇道的方向凝固,以实现铸件厚实部分补缩细薄部分,冒口补缩厚实部分从而将缩孔移入冒口中,最终获得致密而健全的铸件。

为了实现定向凝固,在安放冒口的同时,还可以在铸件上某些厚大部位增设冷铁。图1-12所示铸件的热节不止一个,若仅靠顶部冒口,难以向底部凸台补缩,为此,在该凸台的型壁上安放了两个外冷铁。由于冷铁加快了该处的冷却速度,使厚度较大的凸台反而最先凝固,从而实现了自下而上的定向凝固,防止了凸台处缩孔、缩松的产生。可以看出,冷铁仅是加快某些部位的冷却速度,从而控制铸件的凝固顺序,但本身并不起补缩作用。冷铁通常用钢或铸铁制成。

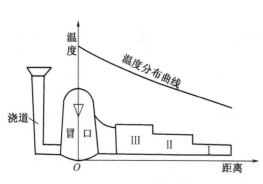
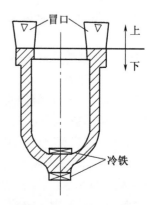

图 1-11　定向凝固示意图　　　　　图 1-12　冷铁的应用

为了保证铸件达到定向凝固,往往还可以采用下列工艺措施。

(1) 合理设置浇注系统。内浇道从铸件厚实处引入以加强铸件的定向凝固,内浇道应尽可能靠近冒口或金属液经过冒口而进入铸件,以加强定向凝固倾向。因为这样铸件厚实处或冒口周围的型砂就会被剧烈加热,从而延缓了厚实处或冒口的冷却速度,有时在远离冒口处适当配置冷铁,可显著提高冒口的补缩能力。

顶注式浇注系统可使铸件自下而上定向凝固,有利于顶冒口的补缩。

(2) 合理选择浇注温度和浇注速度。改变浇注温度和浇注速度也可以加强或削弱定向凝固。浇注速度越慢,则合金液流经铸型的时间越长,远离浇道处的合金液就越冷。而浇道附近砂型被长时间加热使温度升高,会导致浇道附近的合金液冷却慢,从而扩大了铸件各部分的温差,有利定向凝固。浇注温度越高,造成铸件各部分的温差也越大。顶注式浇注系统宜采用高的浇注温度和慢的浇注速度,有利于定向凝固。

(3) 利用冒口防止缩孔和缩松。长期的生产实践经验表明,利用冒口补缩来防止铸件产生缩孔和缩松,是一种有效的工艺措施。冒口的主要作用是储存足够的液态合金,使铸件在冷却和凝固过程中发生的体收缩能够不断地得到补充,从而防止铸件内出现缩孔和缩松。

冒口的种类很多,应用最为普遍的是顶冒口和侧冒口两类,如图 1-13 所示。

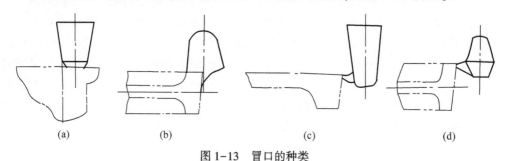

图 1-13　冒口的种类

(a) 明顶冒口;(b) 暗顶冒口;(c) 明侧冒口;(d) 暗侧冒口。

顶冒口中的合金液面较高,可以在重力作用下进行补缩,补缩能力强。根据它是否敞露在铸型外面,又可分为明顶冒口和暗顶冒口。明顶冒口合箱后便于检查,浇满后可在冒口中补浇热合金液,因而使用较普遍,但金属液消耗量大,冒口中合金液散热较快,合箱后容易落入杂物。暗顶冒口则与之相反,在上箱较高时常采用暗顶冒口,以减少金属液消耗。

当铸件需要补缩的热节不在铸型的最高处或在下半型时,通常采用侧冒口补缩。

为充分发挥冒口的补缩作用,在进行冒口设计时,要求冒口内液态金属的凝固时间比铸件最后凝固部分的凝固时间要长,并且冒口内必须有足够的液态合金去补偿铸件在冷却和凝固过程中所发生的体收缩。很显然,要使冒口的散热速度尽可能小,以延长凝固时间,冒口形状以球形最好。但球形冒口取模不方便,因此常用圆柱形冒口。冒口体积相同时,球体的表面积为最小,球形冒口散热最慢,圆柱形稍次于球形,但圆柱形冒口便于取模,因而得到广泛应用。冒口的尺寸也并不是越大越好,合理的冒口尺寸要进行计算或由查表法来确定。

合金的体收缩率和线收缩率可以通过一定的方法进行测定。

第三节 铸造内应力、变形和裂纹

铸件在凝固以后的继续冷却过程中,其固态收缩若受到阻碍,便会在铸件内部产生内应力,称为铸造内应力。这种内应力有时是冷却过程中暂时存在的,有时一直残留到室温,后者称为残余内应力。铸造内应力是铸件产生变形和裂纹的主要原因。

一、内应力的形成

按产生的原因,铸造内应力主要分为热应力和机械阻碍应力。

(一) 热应力

热应力是由于铸件壁厚不均匀,各部分冷却速度不同,以致在同一时期内,铸件各部分收缩不一致而产生的。

为了分析热应力的形成,首先应该了解金属凝固后自高温冷却到室温时应力状态的改变。金属从凝固终止温度到再结晶温度(钢和铸铁为 $620 \sim 650\,℃$)都处于塑性状态。此时塑性好,在较小的应力下就可发生塑性变形,并且应力将随变形的产生而自行消除。在再结晶温度以下,金属呈弹性状态,此时,在应力作用下将发生弹性变形,而变形之后应力继续存在。

下面用图 1-14(a)所示的框形铸件来分析热应力的形成。该铸件由粗杆Ⅰ和细杆Ⅱ两部分组成。当铸件处在凝固温度到再结晶温度这一阶段时(图 1-14 中 $t_0 \sim t_1$ 间),两杆均处于塑性状态,尽管两杆的冷却速度不同,收缩不一致,但瞬时产生的应力均可通过塑性变形而自行消失。继续冷却后,冷速较快的杆Ⅱ已进入弹性状态,而粗杆Ⅰ仍处于塑性状态(图 1-14 中 $t_1 \sim t_2$ 之间)。由于细杆Ⅱ冷却较快,收缩大于粗杆Ⅰ,所以细杆Ⅱ受拉应力、粗杆Ⅰ受压应力(图 1-14 中(b)),形成了暂时内应力,但这个内应力随之便被粗杆Ⅰ的微量压缩塑性变形抵消(图 1-14 中(c))。当进一步冷却到室温时(图 1-14 中 $t_2 \sim t_3$),已被塑性压缩的粗杆也处于弹性状态,此时,尽管两杆长度相同,但所处的温度不同。粗杆Ⅰ的温度较高,还会进行较大的收缩;细杆Ⅱ的温度较低,收缩已趋停止。因此,粗杆Ⅰ的收缩必然受到细杆Ⅱ的强烈阻碍,于是杆Ⅱ受到压缩,杆Ⅰ受到拉伸,直到室温,形成了残余内应力(图 1-14 中(d))。

由此可见,在热应力作用下,铸件的厚壁或心部受到拉伸,薄壁或表面层受到压缩。合金固态收缩率越高,铸件壁厚差别越大,热应力越大。

热应力可通过一定的仪器测出。

(二) 机械阻碍应力

机械阻碍应力是金属的固态收缩受到机械阻碍而形成的内应力。形成机械阻碍的主要原因是型砂或芯砂的退让性差。这种应力是暂存的。铸件经打箱或取出型芯后,应力便消失,但

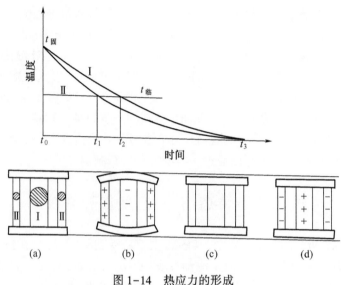

图 1-14　热应力的形成

+—拉应力；－—压应力。

机械阻碍应力在铸型中与热应力共同起作用,增强了拉伸应力,促使铸件在高温时产生热裂或在低温时产生冷裂。

二、铸件的变形与防止

如前所述,在热应力作用下,铸件薄的部分受压应力,厚的部分受拉应力,应力超过材料的抗拉强度时,铸件开裂,应力消除。若应力不足以造成裂纹,则会使铸件逐渐发生塑性变形,变形后应力消除。

图 1-15 所示为铸件壁厚不均匀时产生残留热应力,从而导致铸件发生变形的情况。当板 I 厚、板 II 薄时,浇注后板 I 受压应力、板 II 受拉应力。各自都力图恢复原状,板 I 力图缩短一点,板 II 力图伸长一点。若铸钢件刚度不够,将发生板 I 内凹、板 II 外凸的变形的情况。反之,当板 I 薄,板 II 厚时,将发生反向翘曲。

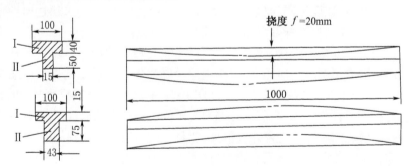

图 1-15　T 字形梁铸件挠曲变形情况

防止铸件产生变形的基本途径是尽可能使铸件均匀冷却,减缓热应力的产生,具体措施如下:

(1) 设计铸件时,应尽量使其壁厚均匀,避免金属的聚集。

(2) 在铸造工艺上采取同时凝固的原则,所谓同时凝固是采取措施使铸件各个部分没有大的温度差,从而同时凝固。为此,需将浇道开在铸件薄壁处,为加速厚壁的冷却速度,有时还可在厚壁处安放冷铁,如图 1-16 所示。

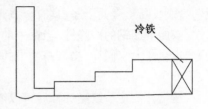

图 1-16　铸件的同时凝固原则

同时凝固可减少铸造热应力,防止铸件产生裂纹、变形,并且因不用冒口而省工、省金属,但铸件厚壁处易出现缩孔。凝固主要用于灰铸铁类收缩小、不易产生缩孔的铸件上,也可用于薄壁铸钢件或其他易变形的铸件。

（3）为防止变形,应尽可能使铸件形状对称,或在制造木模时,将木模制成与铸件变形相反的形状,以抵消铸件的变形。

（4）对铸件进行时效处理。实践证明,尽管铸件冷却时发生了一些变形,但残余应力仍难以彻底去除,经机械加工后,这些内应力将重新分布,铸件还会逐步发生变形,使零件丧失应有的精度。为此,重要的铸件必须采用自然时效或人工时效方法将残余内应力有效地消除。自然时效是把铸件在室外长时间放置,使其缓慢变形以消除内应力。人工时效处理即低温退火,它比自然时效节省时间,应用广泛。

三、铸件的裂纹与防止

当铸造内应力超过金属的强度极限时,铸件便会产生裂纹,裂纹是铸件的严重缺陷,必须设法防止。裂纹分热裂纹和冷裂纹两种。

热裂纹是在高温下形成的裂纹,其形状特征是裂纹短、缝隙宽、缝内呈氧化颜色。研究发现,热裂纹是在凝固末期高温下形成的,此时,结晶出来的固体已形成完整的骨架,开始固态收缩,但晶粒之间还有少量的液体,构成一层液膜,温度越接近固相线,液膜就越薄,当铸件全部凝固时,液膜即消失。在液膜存在期间,当铸件收缩受阻时,液膜就被拉长,当液膜拉长速度超过了某一限度时,液膜就被拉裂,晶粒之间有液膜存在,而该处的强度和塑性又极低,因此由于收缩受阻而引起的拉裂必位于晶粒之间;另一方面,当完全凝固之后,即温度稍低于固相线时,液膜虽已完全消失,但由于晶粒之间处的杂质较多,温度又较高,强度和塑性都较低,较易拉裂,所以凝固之后也可能产生热裂纹。关于热裂纹形成的温度范围和形成机理还有待于进一步深入研究。热裂倾向的大小可用专门的工艺试样和仪器进行测定。

钢中的硫是增大热裂倾向的有害元素。它一方面在钢中形成低熔点共晶体（Fe-FeS 共晶熔点为 985℃）降低了固相温度,液膜存在时间较长,易拉断;另一方面,这些低熔点共晶体沿晶界呈网状分布,大大削弱了钢的高温强度和塑性。分布于铸钢晶界的氧化夹杂物（如氧化铁、氧化锰及氧化硅等）大大削弱了晶粒之间联系,形成热裂纹,所以热裂纹是铸钢件常见的缺陷。

灰铸铁在凝固过程中发生石墨化膨胀,所以灰铸铁不易形成热裂纹。

共晶成分的合金不易产生热裂纹,合金成分越靠近共晶成分,热裂倾向越小。防止热裂纹的有效方法是提高型砂或芯砂的退让性,减少机械阻碍应力,同时严格控制铸钢、铸铁件中硫的含量,避免铁液氧化。

冷裂纹是铸件处于弹性状态时,铸造应力超过合金的强度极限而产生的。冷裂纹出现在铸件受拉伸的部位,特别是在有应力集中的地方,如内尖角处和缩孔、非金属夹杂物等的附近。大型复杂的铸件容易形成冷裂纹。有些铸件是在清理及搬运时受到震击或落砂后受到激冷才开裂的。冷裂纹特征与热裂纹不同,外形往往是连续直线状,而且穿过晶粒而不是沿着晶界断裂,冷裂纹断口表面干净,具有金属光泽,这说明冷裂纹是在较低温度下形成的。

磷能增加钢的冷脆性,当钢中的含磷量增高时($w_P>0.1\%$),它的冲击韧度剧烈降低,冷裂倾向也会增大。同样,当灰铸铁中的含磷量 $w_P\geq0.15\%$ 时,往往有大量网状磷共晶出现,也增大了冷裂倾向。

铸钢件的冷裂纹经焊补后可以继续使用,而灰铸铁的焊接性差,不可焊接。

第四节 铸件中的气孔

气孔是铸件中最常见的缺陷。气孔是气体在铸件中形成的孔洞。气孔破坏了金属的连续性,减少了承载的有效面积,从而降低了铸件的力学性能。对要求承受液压和气压的铸件,气孔会明显地降低它的气密性。

一、气体的存在形态

气体在铸件中以三种形态存在:固溶体、化合物和气孔。

若气体以原子状态溶解于金属合金中,则以固溶体形态存在。若气体与金属中某元素之间的亲合力大于气体本身所具有的亲合力,则气体就与该元素形成化合物。金属中的气体含量超过其溶解度或浸入的气体不被溶解,则气体以分子状态存在于金属液中,并因在凝固前气泡来不及排出,会在铸件中形成气孔。

二、铸造合金的吸气性

金属及合金在液态时吸收一定量的气体,凝固时气体随溶解度的降低而析出,析出的气体在铸件中心部位或晶粒之间形成气泡,气泡有时可上浮排出金属之外,有时则停留在铸件中成为气孔。气孔在铸件缺陷中占有相当的比例。溶解于液态金属的气体有两类:一类是以原子状态而溶解的;一类是以化合物状态被吸收的。氢易溶解于多种金属中;氧多以氧化物的形式存在;氮只溶于某些金属中,凝固时析出的氮往往形成氮化物。

在铝及铝合金铸件中常常出现气孔,这是因为铝液中吸收的气体在凝固时未被析出的缘故。一般 100g 铝中含气体量为 $2\sim30cm^3$,其中 $60\%\sim90\%$ 是氢。所以为了消除气孔,最好除去氢,氢在纯铝中的溶解度随温度的变化情况如图 1-17 所示。

液态金属中氢来源于金属料、燃料及空气中的水分,以及用湿型铸造时,型砂中的水分。除去氢气的方法往往采用向铝液中通入氯气或加入在金属熔融温度以下能气化的固体卤化物。在铝液出炉之前通入氯气精炼,此时铝液中发生如下反应:

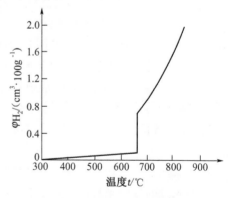

图 1-17 氢在纯铝中的溶解度随温度的变化情况

$$3Cl_2+2Al \Longrightarrow 2AlCl_3\uparrow$$

$$Cl_2+H_2 \Longrightarrow 2HCl\uparrow$$

生成的 $AlCl_3$、HCl 及 Cl_2 气泡在上浮过程中,将铝液中溶解的气体和 Al_2O_3 夹杂物一并带出液面而去除。

氧在铝合金中以 Al_2O_3 的形式存在,这是通过燃料及空气中的氧或水分而生成的。氧化铝是致密的保护膜,可以防止铝继续氧化(吸氧),但也妨碍了液态金属中气体的逸出。为减缓铝的氧化和吸气,熔化时常在铝液表面覆盖一层 KCl、NaCl、Na₂CO₃ 等混合物。

三、铸件中气孔的种类

(一) 侵入气孔

侵入气孔来自铸型中的气体。即使是烘干的铸型,浇注前也会吸收水分,砂型铸造中黏土在金属液的热作用下结晶水会分解。由于砂型表面层聚集的气体侵入金属液中而形成的气孔称为侵入气孔。侵入气孔的特征是多位于上表面附近,尺寸较大,呈椭圆形或梨形,孔的内表面被氧化。

预防侵入气孔的基本途径是降低型砂(芯砂)的发气量和增加铸型的排气能力。

(二) 析出气孔

金属液在冷却和凝固过程中,因气体溶解度下降,析出的气体来不及排出,铸件因此而形成的气孔称为析出气孔。析出气孔的特征是大面积分布于铸件断面上,气孔尺寸较小,形状呈团球形或裂纹状多角形。

析出气孔主要来自氢气,其次是氮气。铝合金最常出现析出气孔,其次是铸钢件,铸铁件有时也会出现。

(三) 反应气孔

金属液与铸型材料、型芯撑、冷铁或熔渣之间发生化学反应,所产生的气孔称为反应气孔。反应气孔通常分布于铸件表面皮下 1~3mm 处,所以也称为皮下气孔。反应气孔的特征是气孔多呈细长状,垂直于铸件表面,呈球状或梨状,气孔表面光滑,呈银白色或呈金属光亮色。

复习思考题

1. 液态合金的流动性与充型能力有何关系?不同化学成分的合金为何流动性不同?提高合金流动性的措施有哪些?

2. 合金的铸造性能可用哪些性能来衡量?铸造性能不好,会引起哪些缺陷?

3. 怎样划分铸件的凝固方式?在铸件化学成分已定时,铸件的凝固方式是否还能加以改变?

4. 缩孔和缩松是怎样形成的?对铸件质量有何影响?为什么缩孔比缩松较容易防止?

5. 什么是定向凝固原则和同时凝固原则?各需采用什么措施来实现?上述两种凝固原则各适用于哪种场合?

6. 试分析图中铸件:① 哪些是自由收缩,哪些是受阻收缩?② 受阻收缩的铸件形成哪一类铸造应力?③ 各部分应力属于什么性质(拉应力、压应力)?

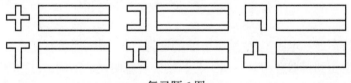

复习题 6 图

7. 铸件的气孔有哪几种?产生的原因是什么?

8. 铸造铝合金时容易产生哪种气孔?去除的方法是什么?

第二章 砂型铸造工艺方案

砂型铸造是传统的铸造方法,它适用于各种形状、大小、批量及合金铸件的生产。掌握砂型铸造是合理选择铸造方法和正确设计铸件的基础。

为了获得健全的铸件、减少制造铸型的工作量、降低铸件成本,必须合理地制订铸造工艺方案,并绘制出铸造工艺图。铸造工艺图是在零件图上用各种工艺符号及参数表示出铸造工艺方案的图形,包括:浇注位置,铸型分型面,型芯的数量、形状、尺寸及其固定方法,加工余量,收缩率,浇注系统,起模斜度,冒口和冷铁的尺寸和布置等。铸造工艺图是指导模样(芯盒)设计、生产准备、铸型制造和铸件检验的基本工艺文件。依据铸造工艺图,结合所选定的造型方法,便可绘制出模样图及合型图(图 2-1)。

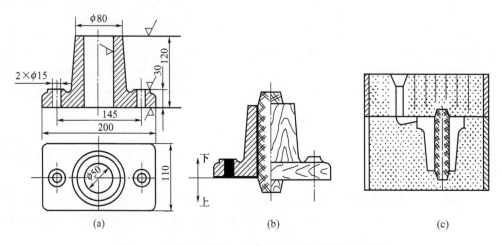

图 2-1 支架的零件图、铸造工艺图、模样图及合型图
(a) 零件图;(b) 铸造工艺图(左)和模样图(右);(c) 合型图。

本章围绕铸造工艺方案的制订,介绍了有关造型方法的选择、浇注位置和分型面的选择等内容。

第一节 造型方法的选择

造型是砂型铸造最基本的工序,造型方法的选择是否合理,对铸件质量和成本有着重要的影响。由于手工造型和机器造型对铸造工艺的要求有着明显的不同,在许多情况下,造型方法的选定是制订铸造工艺的前提,因此,先来研究造型方法的选择。

一、手工造型

手工造型操作灵活,大小铸件均可适应,它可采用各种模样及型芯,通过两箱造型、三箱造型等方法制出外廓及内腔形状复杂的铸件。手工造型对模样的要求不高,一般采用成本较低的实体木模样,对于尺寸较大的回转体或等截面铸件还可采用成本甚低的刮板来造型。手工造型对砂箱的要求也不高,如砂箱不需严格的配套和机械加工,较大的铸件还可采用地坑来取代下箱,这样可减少砂箱的费用,并缩短生产准备时间。因此,尽管手工造型生产率低,对工人技术水平要求较高,而且铸件的尺寸精度及表面质量较差,但在实际生产中它仍然是难以完全取代的重要造型方法。手工造型主要用于单件、小批量生产,有时也可用于较大批量的生产。

为了适应不同铸件和不同批量的生产,手工造型的具体工艺是多种多样的。图 2-2 所示为一环形铸件,由于其尺寸较大,又属回转体,故在单件、小批量生产条件下,宜采用刮板-地坑造型。在铸件的生产批量较大且缺乏机械化生产的条件下,上述圆环仍可采用手工造型,此时宜采用实体模样(木模样或金属模样)进行两箱造型,这不仅简化了造型和合型操作,还因型砂紧实度较为均匀,铸件的质量得到了提高。

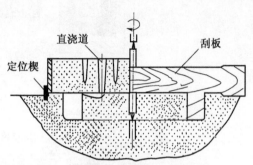

图 2-2　刮板-地坑造型

二、机器造型

现代化的铸造车间,特别是专业铸造厂,已广泛采用机器来造型,并与机械化砂处理、浇注等工序共同组成机械化生产流水线。机器造型可大大提高劳动生产率、改善劳动条件,铸件尺寸精确、表面光洁,加工余量小。尽管机器造型需要的设备、模板、专用砂箱以及厂房等投资大,但在大批量生产中铸件的成本仍有明显降低。应当看到,随着模板结构的不断改进和制造成本的降低,现在上百件批量的铸件已开始采用机器来造型,因此机器造型的使用范围日益扩大。

机器造型是将紧砂和起模等主要工序实现机械化。为了适应不同形状、尺寸和不同批量铸件生产的需要,造型机的种类繁多,紧砂和起模方法也有所不同。其中,最普通的是以压缩空气驱动的振压式造型机。图 2-3 所示为顶杆起模式振压造型机的工作过程。

(1) 填砂(图 2-3(a))。打开砂斗门,向砂箱中放满型砂。

(2) 振击紧砂(图 2-3(b))。先使压缩空气从进气口 1 进入振击气缸底部,活塞在上升过程中关闭进气口,接着又打开排气口,使工作台与振击气缸顶部发生一次振击。如此反复进行振击,使型砂在惯性力的作用下被初步紧实。

(3) 辅助压实(图 2-3(c))。由于振击后砂箱上层的型砂紧实度仍然不足,还必须进行辅助压实。此时,压缩空气从进气口 2 进入压实气缸底部,压实活塞带动砂箱上升,在压头的作用下,使型砂压实。

(4) 起模(图 2-3(d))。当压缩空气推动的压力油进入起模油缸,四根顶杆平稳地将砂箱顶起,从而使砂型与模样分离。

一般振压式造型机价格较低,生产率为每小时 30~60 箱,目前主要用于一般机械化铸造车间。它的主要缺点是型砂紧实度不够、噪声大、工人劳动条件差,且生产率不够高。在现代化的铸造车间,一般振压式造型机已逐步被其他先进造型机所取代。

微振压式造型机是在压实的同时进行微振(振动频率 600~800 次/min、振幅 15~30mm),因而型砂紧实度的均匀性和型腔表面质量均优于振压式造型机,且噪声较小。

高压式造型机的压实比压(即型砂表面单位面积上所受的压实力)大于 0.7MPa,由于高

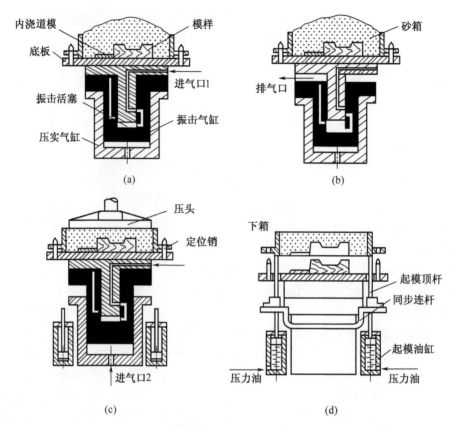

图 2-3　振压造型机的工作过程

(a) 填砂；(b) 振击紧砂；(c) 辅助压实；(d) 起模。

压造型采用浮动式多触头压头,还可在压实过程中进行微振,故其生产率高,型砂的紧实度高且均匀,铸件尺寸精度和表面质量大为提高,且噪声更小。高压式造型机广泛用于汽车、拖拉机上较复杂件的大量生产。

　　射压式造型机的工作原理如图 2-4 所示,它是采用射砂(参见图 2-6)和压实复合方法紧实型砂。首先,利用压缩空气使型砂从射砂头射入造型室内(图 2-4(a)),造型室由左右两块模板(又称压实板)组成。射砂完毕后,通过对右模板(即右压实板)水平施压进行压实(图 2-4(b))。然后,左模板向左移动,起模一定距离后向上翻起,以让出空间。右模板前移,推出砂型,并与前一块砂型合上,形成空腔(图 2-4(c))。最后,左右模板恢复原位,准备下一次射砂(图 2-4(d))。射压造型所形成的是一串无砂箱的垂直分型的铸型,其生产率可高达每小时 240~300 型。射压造型的主要缺点是因垂直分型导致下芯困难,且对模具精度要求高,现主要用于大量生产小型简单件。

　　机器造型的工艺特点通常是采用模板进行两箱造型。模板是将模样、浇注系统沿分型面与模底板连接成一整体的专用模具。造型后,模底板形成分型面,模样形成铸型空腔,而模底板的厚度并不影响铸件的形状与尺寸。

　　机器造型不能紧实中箱,故不能进行三箱造型。同时,机器造型也应尽力避免活块,因为取出活块费时,使造型机的生产率大大降低。为此,在制订铸造工艺方案时,必须考虑机器造

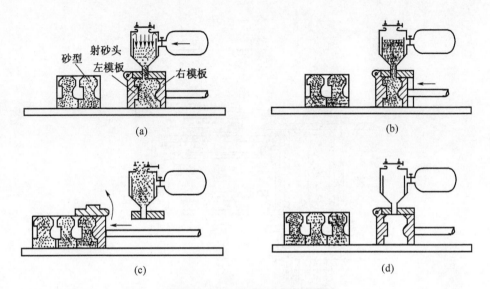

图 2-4　射压造型机的工作原理

(a) 射砂;(b) 压实;(c) 合型;(d) 复位。

型这些工艺要求。图 2-5 所示的轮形铸件,由于轮的圆周面有侧凹,在生产批量不大的条件下,通常采用三箱手工造型,以便分别从两个分型面取出模样。但在大批量生产条件下,由于采用机器造型,故应改用图 2-5 中所示的环状型芯,使铸型简化成只有一个分型面,这尽管增加了型芯的费用,但机器造型所取得的经济效益可以得到补偿而有余。

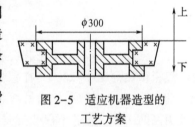

图 2-5　适应机器造型的
工艺方案

三、机器造芯

在成批、大量生产中多用机器来造芯,此时,除可采用前述的振击、压实等紧砂方法外,最常用的是射芯机。射芯技术是随芯砂黏结剂和造芯方法的变化而发展的。图 2-6 所示为普通射芯机的工作原理:开始时,将芯盒置于工作台上,工作台上升使芯盒与底板压紧;射砂时,打开射压阀,使储气罐中的压缩空气通过射砂筒上的缝隙进入射砂筒内,于是芯砂形成高速的砂流从射砂孔射入芯盒,并将芯砂紧实,而空气则从射砂头和芯盒的排气孔排入大气。可见,射砂紧实是将填砂与紧砂两个工序一并完成,故生产率很高,它不仅用于造芯,也开始用于造型。射芯机造芯有如下三种:

(1) 普通造芯。它是用普通的芯盒(木质或金属),射入普通的芯砂(多为油砂或合脂砂),射芯后从芯盒内取出型芯,随之将其放入炉内烘干硬化。随着树脂砂的发展,这种制芯方法逐步被取代。

(2) 热芯盒造芯。在射芯机上设有电加热板,使芯盒在 200~250℃保温,由于射入的芯砂为呋喃树脂砂,属于热固性材料,故型芯在芯盒内经 60s 左右即可硬化。与传统的造芯方法相比,热芯盒造芯省去了放置型芯骨和烘干工序,生产率高,型芯尺寸精确,表面光洁,强度大,适用于制造汽车、拖拉机铸件上的各种复杂型芯。

(3) 冷芯盒造芯。它是指采用常温的芯盒,射芯后通以气雾硬化剂,使特制的树脂砂通过化学反应迅速硬化。这种造芯方法要采用专门的射芯机,所制出的型芯尺寸精确,生产率高,是一种很有发展前途的造芯方法。

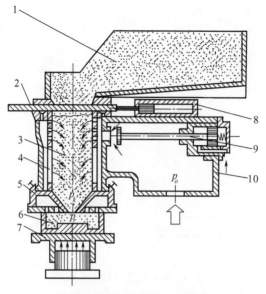

图 2-6 射砂过程示意图

1—射砂斗；2—闸门；3—射砂筒；4—射腔；5—射砂头；
6—芯盒；7—工作台；8—气缸；9—射砂阀；10—储气罐。

此外，近些年研制出了壳芯机造芯。它采用酚醛树脂砂，用吹砂法填充和紧实。由于芯盒由电热板预热到 $200\sim280℃$ ，在保温 $20\sim60s$ 后，因树脂受热熔融，芯砂结成 $3\sim10mm$ 厚的薄壳，此时翻转芯盒，摇动，倒出松散芯砂，形成了中空的壳芯。然后继续加热 $30\sim90s$ ，从而制成强度更高的壳芯。壳芯不仅节省树脂砂，且有利于型芯的排气，目前已广泛用于制造汽车上的复杂型芯。

必须指出，采用树脂砂制造型芯的不足之处是，硬化时有刺激性气味的气体或有害气体产生，应注意环境的通风。

第二节 浇注位置和分型面的选择

一、浇注位置选择原则

浇注位置是指浇注时铸件在型内所处的空间位置。铸件的浇注位置正确与否对铸件质量的影响很大，是制订铸造方案时必须优先考虑的。具体原则参见表 2-1。

表 2-1 铸件浇注位置选择原则

选 择 原 则		图 例	
		(a)不合理	(b)合理
1	铸件重要的加工面应朝下。铸件上表面容易产生砂眼、气孔、夹渣等缺陷，组织也不如下表面细致。如果这些表面难以朝下，则应尽量位于侧面	车床床身	

续表

	选择原则	图 例	
		(a)不合理	(b)合理
2	铸件的大平面应朝下。浇注过程中金属液对型腔上表面有强烈的热辐射，型砂因急剧热膨胀和强度下降而拱起或开裂，致使上表面容易产生夹砂或结疤缺陷	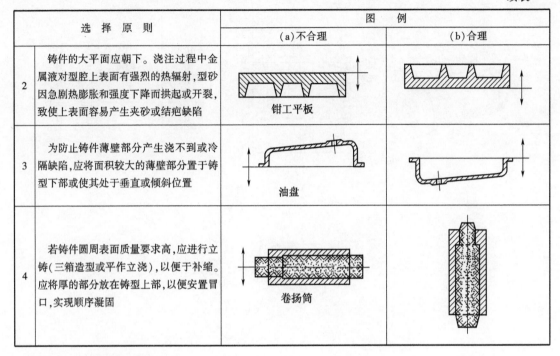钳工平板	
3	为防止铸件薄壁部分产生浇不到或冷隔缺陷，应将面积较大的薄壁部分置于铸型下部或使其处于垂直或倾斜位置	油盘	
4	若铸件圆周表面质量要求高，应进行立铸(三箱造型或平作立浇)，以便于补缩。应将厚的部分放在铸型上部，以便安置冒口，实现顺序凝固	卷扬筒	

二、分型面选择原则

铸型分型面是指铸型组元间的接合面。铸型分型面选择的正确与否是铸造工艺合理性的关键之一。如果选择不当，不仅影响铸件质量，而且还会使制模、造型、造芯、合型或清理等工序复杂化，甚至还会增加机械加工工作量。因此，分型面的选择应能在保证铸件质量的前提下，尽量简化工艺。分型面的选择原则如下：

（1）应尽量使型面平直、数量少。图 2-7 所示为一起重臂铸件，图中所示的分型面为一平面，故可采用简便的分开模造型。如果采用顶视图所示的弯曲分型面，则需采用挖砂或假箱造型。显然，在大批量生产中应尽量采用图中所示的分型面，这不仅便于造型操作，且模板的制造费用低。但在单件、小批量生产中，由于整体模样坚固耐用、造价低，故仍可采用弯曲分型面。

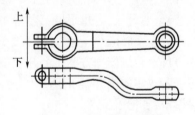

图 2-7 起重臂的分型面

应尽量使铸型只有一个分型面，以便采用工艺简便的两箱造型。同时，多一个分型面，铸型就增加一些误差，使铸件的精度降低。图 2-8 所示的三通铸钢件，其内腔必须采用一个 T 字型芯，但不同的分型方案，其分型面数量不同。当中心线 ab 处于垂直位置时（图 2-8(b)），铸型必须有三个分型面才能取出模样，即用四箱造型。当中心线 cd 处于垂直位置时（图 2-8(c)），铸型有两个分型面，须采用三箱造型。当中心线 ab 与 cd 都处于水平位置时（图 2-8(d)），因铸型只有一个分型面，仅采用两箱造型即可。显然，后者是合理的分型方案。

（2）应避免不必要的型芯和活块，以简化造型工艺。图 2-9 所示为避免活块的支架分型方案。按图中方案 Ⅰ，凸台必须采用四个活块方才制出，而下部两个活块的部位甚深，取出困难。当改用方案 Ⅱ 时，可省去活块，仅在 A 处稍加挖砂即可。

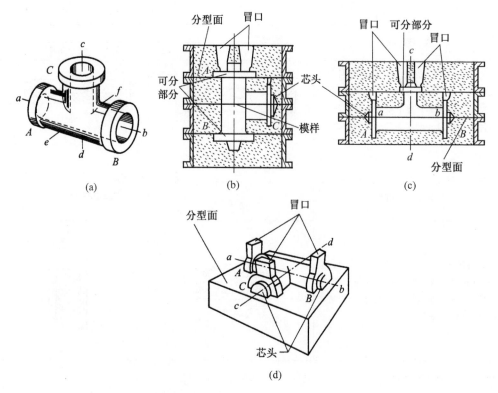

图 2-8 三通铸钢件的分型面选择

(a) 铸件；(b) 四箱造型；(c) 三箱造型；(d) 两箱造型。

型芯通常用于形成铸件的内腔,有时还可用它来简化铸件的外形,以制出妨碍起模的凸台、凹槽等。但制造型芯需要专门的芯盒、芯骨,还需烘干及下芯等工序,增加了铸件成本。因此,选择分型面时应尽量避免不必要的型芯。图 2-10 所示为一底座铸件。若按图中方案 I 分开模造型,其上、下内腔均需采用型芯。若改用图中方案 II,采用整模造型,则上、下内腔均可由砂堆形成,省掉了型芯。

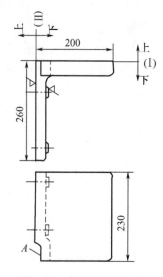

(3) 应尽量使铸件全部或大部分置于下箱。这不仅便于造型、下芯、合型,也便于保证铸件精度。图 2-11 所示为一床身铸件,其顶部平面为加工基准面,图中方案 a 在妨碍起模的凸台处增加了外部型芯,因采用整模造型使加工面和基准面在同一砂箱内,铸件精度高,是大批量生产时的合理方案。采用方案 b,铸件若产生错型将影响铸件精度,但在单件、小批量生产条件下,铸件的尺寸偏差在一定范围内可用划线来矫正,故在相应条件下方案 b 仍可采用。

图 2-9 支架的分型方案

上述诸原则对于具体铸件来说多难以全面满足,有时甚至互相矛盾。因此,必须抓住主要矛盾、全面考虑,至于次要矛盾,则应从工艺措施上设法解决。例如,对于质量要求很高的铸件(如机床床身、立柱、钳工平板、造纸烘缸等),应在满足浇注位置要求的前提下考虑造型工艺

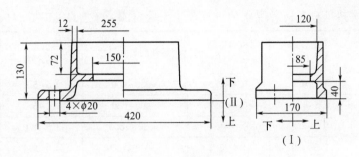

图 2-10　底座铸件

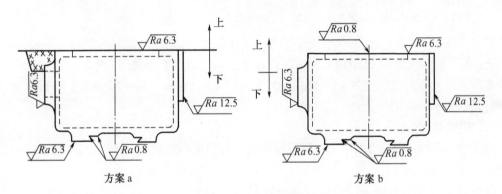

图 2-11　床身铸件

的简化。对于没有特殊质量要求的一般铸件,则以简化工艺、提高经济效益为主要依据,不必过多地考虑铸件的浇注位置。对于机床立柱、曲轴等圆周面质量要求很高又需沿轴线分型的铸件,在批量生产中有时采用"平作立浇"法,此时,采用专用砂箱,先按轴线分型来造型、下芯,合型之后,将铸型翻转 90°,竖立后进行浇注。

第三节　铸造工艺参数的选择

为了绘制铸造工艺图,在铸造工艺方案初步确定以后,还必须选定铸件的机械加工余量、起模斜度、收缩率、型芯头尺寸等工艺参数。

一、要求的机械加工余量和最小铸孔

设计铸造工艺图时,为铸件预先增加要切去的金属层厚度,称为要求的机械加工余量(RMA)。余量过大,机械加工费工且浪费金属;余量过小,铸件将达不到加工面的表面特征与尺寸精度要求。

要求的机械加工余量的具体数值取决于合金的品种、铸造方法、铸件的大小等。砂型铸钢件因表面粗糙,余量应加大;非铁合金价格昂贵且表面光洁,故余量应比铸铁件小。机器造型时,铸件精度高,余量应比手工造型小。铸件尺寸越大,误差也越大,故余量应随之加大。依据 GB/T 6414—1999,要求的机械加工余量等级有 10 级,称为 A、B、…、H、J、K 级,其中灰铸铁砂型铸件要求的机械加工余量如表 2-2 所列。

表 2-2　灰铸铁砂型铸件要求的机械加工余量(RMA)(摘自 GB/T 6414—1999)

零件的最大尺寸	手工造型 F~H 级	机器造型 E~G 级	零件的最大尺寸	手工造型 F~H 级	机器造型 E~G 级
~40	0.5~0.7	0.4~0.5	>250~400	2.5~5.0	1.4~3.5
>40~63	0.5~1.0	0.4~0.7	>400~630	3.0~6.0	2.2~4.0
>63~100	1.0~2.0	0.7~1.4	>630~1000	3.5~7.0	2.5~5.0
>100~160	1.5~3.0	1.1~2.2	>1000~1600	4.0~8.0	2.8~5.5
>160~250	2.0~4.0	1.4~2.8	>1600~2500	4.5~9.0	3.2~6.0

注：1. 对圆柱体及双侧加工的表面,RMA 值应加倍;
　　2. 对同一铸件所有的加工表面,一般只规定一个 RMA 值。

铸件上孔、槽是否铸出,不仅取决于工艺上的可能性,还必须考虑其必要性。一般说来,较小的孔、槽不必铸出,留待机械加工制出反而经济。灰铸铁的最小孔径(毛坯孔径)推荐如下:单件生产 30~50mm,成批生产 15~30mm,大量生产 12~15mm。对于零件图上不要求加工的孔、槽,无论大小均应铸出。

二、起模斜度

为了使模样便于从砂型中取出,凡平行起模方向的模样表面上所增加的斜度(图 2-12)称为起模斜度。

起模斜度的大小取决于模样的高度、造型方法、模样材料等因素。依照 JB/T 5105—1991 有关规定,木模样外壁高为 40~100mm 时,起模斜度 $\alpha_1 \leqslant 40'$;外壁高为 100~160mm 时,$\alpha_1 \leqslant 30'$。为使型砂便于从模样内腔中取出,内壁的起模斜度(图 2-12 中 α_2、α_3)应比外壁大。

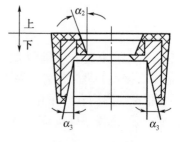

图 2-12　起模斜度

三、收缩率

由于合金的线收缩,铸件冷却后的尺寸将比型腔尺寸略有缩小。为保证铸件应有的尺寸,模样尺寸必须比铸件放大一个该合金的收缩量。为此,制造模样时多使用特别的收缩尺,如 0.8%、1.0%、1.5%……各种比例收缩尺。

在铸件冷却过程中,其线收缩不仅受到铸型和型芯的机械阻碍,而且还受到铸件各部分的互相制约。因此,铸件的实际线收缩率除随合金的种类而有所不同外,还与铸件的形状、结构、尺寸有关。通常,灰铸铁为 0.8%~1.0%、铸造碳钢及低合金钢为 1.3%~2.0%、铝硅合金为 0.8%~1.2%、锡青铜为 1.2%~1.4%。

四、型芯头

型芯头的形状和尺寸对型芯装配的工艺性和稳定性有很大影响。垂直型芯一般都有上、下芯头(图 2-13(a)),但短而粗的型芯也可省去上芯头。芯头必须留有一定的斜度 α,下芯头的斜度应小些(6°~7°),上芯头的斜度为便于合型应大些(8°~10°)。水平芯头(图 2-13(b))的长度取决于型芯头的直径及型芯的长度。悬臂型芯头必须加长,以防合型时型芯下垂或被金属液抬起。型芯头与铸型型芯座之间应有小的间隙(S),以便铸型的装配。

有关模样上型芯头长度(L)或高度(H),以及与型芯座配合间隙(S),参见 JB/T 5106—1991。

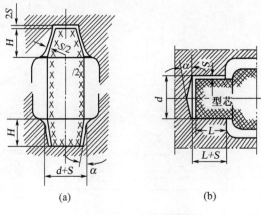

(a)　　　　　　　　　(b)

图 2-13　型芯头的构造

第四节　综合分析举例

在确定某铸件的铸造工艺方案时,首先应了解合金品种、生产批量及铸件质量要求等。其次,分析铸件结构,以便确定铸件的浇注位置,同时,分析铸件分型面的选择方案。在此基础上,依据选定的工艺参数,用红、蓝色笔在零件图上绘制铸造工艺图(包括型芯的数量、固定、冷铁、浇冒口等),为制造模样、编写铸造工艺卡等奠定基础。

图 2-14 所示为支座,材料为 HT150,大批量生产。支座属于支承件,没有特殊的质量要求,故不必考虑浇注位置的特殊要求,主要着眼于工艺上的简化。该件虽属于简单件,但底板上四个 ϕ10mm 孔的凸台及两个轴孔的内凸台可能妨碍起模。同时,轴孔如若铸出,还必须考虑下芯的可能性。根据以上分析,该件可供选择的分型方案如下:

(1) 方案 Ⅰ。沿底板中心线分型,即采用分开模造型。其优点是底面上 110mm 凹槽容易铸出,轴孔下芯方便,轴孔内凸台不妨碍起模。缺点是底板上四个凸台必须采用活块,同时,铸件易产生错型缺陷,飞边清理的工作量大。此外,若采用木模样,加强筋处过薄,木模样易损坏。

(2) 方案 Ⅱ。沿底面分型,铸件全部位于下箱,为铸出 110mm 凹槽必须采用挖砂造型。方案 Ⅱ 克服了方案 Ⅰ 的缺点,但轴孔内凸台妨碍起模,必须采用两个活块或下型芯。当采用活块造型时,ϕ30mm 轴孔难以下芯。

(3) 方案 Ⅲ。沿 110mm 凹槽底面分型。其优缺点与方案 Ⅱ 类似,仅是将挖砂造型改用分开模造型或假箱造型,以适应不同的生产条件。

可以看出,方案 Ⅱ、Ⅲ 的优点多于方案 Ⅰ。但在不同生产批量下,具体方案可选择如下:

(1) 单件、小批量生产。由于轴孔直径较小、无须铸出,而手工造型便于进行挖砂和活块造型,此时依靠方案 Ⅱ 分型较为经济合理。

(2) 大批量生产。由于机器造型难以使用活块,故应采用型芯制出轴孔内凸台。同时,应采用方案 Ⅲ 从 110mm 凹槽底面分型,以降低模板制造费用,图 2-15 所示为其铸造工艺图(浇注系统图略)。由图可见,方型芯的宽度大于底板,以便使上箱压住该型芯,防止浇注时上浮。若轴孔需要铸出,采用组合型芯即可实现。

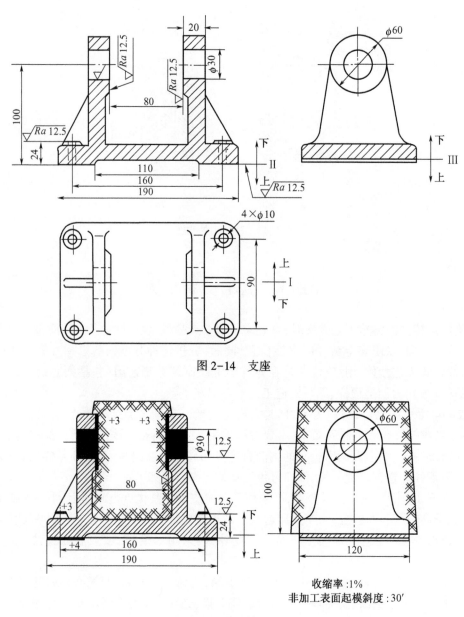

图 2-14 支座

图 2-15 支座的铸造工艺图

复习思考题

1. 为什么手工造型仍是目前不可忽视的造型方法？机械造型有哪些优越性？其工艺特点是哪些？

2. 在射芯机上，现代造芯法与传统造芯法有何根本不同？壳芯机制芯有何优越性？

3. 什么是铸造工艺图？它包括哪些内容？它在铸件生产的准备阶段起着哪些重要作用？

4. 浇注位置的选择和分型面的选择哪个重要？如若它们的选择方案发生矛盾该如何统一？

5. 图示铸件在单件生产条件下该选用哪种造型方法？

6. 图示铸件有哪几种分型方案？在大批量生产中该选用哪种方案？

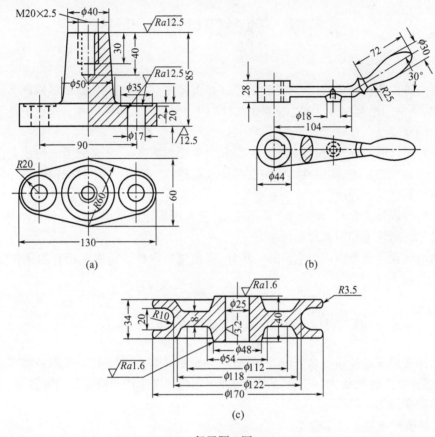

(a)

(b)

(c)

复习题 5 图

(a) 支架；(b) 手柄；(c) 绳轮。

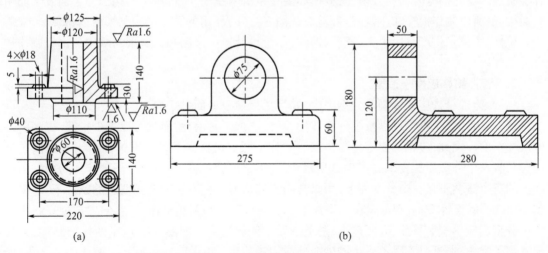

(a)

(b)

复习题 6 图

(a) 轴座；(b) 底座。

第三章　砂型铸件结构设计

机器是由许多零件组成的，如果零件的毛坯是由铸造生产来获得，则该零件称为铸件。在机器制造中，铸件的重量约占机器总重量的1/2以上，个别情况达到80%。这就决定了正确设计铸件结构的重要性。

进行铸件设计时，不但应保证其工作性能和力学性能的要求，还必须考虑铸造工艺各个环节和合金铸造性能的要求，使铸件结构与这些要求相适应。因此，一个好的铸件设计师也应该是一个合格的铸造工艺师。

在进行铸件设计的同时，首先选取铸造合金，合金的确定除应满足力学性能要求外，还必须要有良好的铸造性能和切削加工性能。

铸件的结构设计应考虑铸造生产的经济性，尽量使所设计的铸件在现有的条件下铸造出来，且废品少，成本低。

第一节　铸件结构与铸造工艺的关系

铸件结构在能满足使用要求的前提下，应尽可能使制模、造型、造芯、合箱及清理等过程简化，避免不必要的工时耗费，防止废品的产生，并为实现铸造生产的机械化创造条件。为此，在设计铸件时需考虑如下问题。

一、应使模样和芯盒制作容易

铸件结构应力求简单，尽量由直线、平面、圆柱形表面等简单的几何形状构成，这样，模样容易制造。模样的分开面叫分模面，分模面要尽量少。图3-1(a)所示结构因为1面及2面由曲面构成，所以制作模样和芯盒困难，若改成图3-1(b)所示的平面结构制模就简单多了。

单件、小批量生产且用手工造型的铸件，尽量设计成可采用刮板造型的结构。刮板制作较容易。

二、铸件结构应便于造型

(一) 铸件结构应使造型时分型面少，并且尽量使分型面呈平面

铸型分型面少，不仅可以减少砂箱数量，降低造型工时消耗，而且可以减少错箱，提高铸件的尺寸精度。因此，应尽可能避免二个以上的分型面。机器造型时要求铸件结构必须满足造型时只有一个分型面的要求。图3-2所示为一阀体铸件，按图3-2(a)所示的设计方案，因铸件上的三个法兰不在一个分型面上，所以常需三箱造型。在不影响使用要求的条件下，若采用图3-2(b)的设计方案，则可以在不增加型芯的条件下进行两箱分模造型，使工艺过程简化。

分型面应尽量呈平面，方便造型，避免挖砂或假箱造型。如图3-3所示的托架结构，因外形采用了圆角，造型时不得不采用挖砂造型或假箱造型，如图3-3(a)所示。改成图3-3(b)所示的结构同样能满足工作需要，但由于分型面为平面，可采用整模造型而不必挖砂或假箱造型，造型简便，也不会错箱。

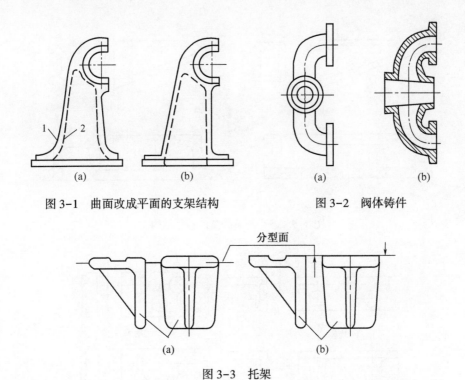

图 3-1 曲面改成平面的支架结构

图 3-2 阀体铸件

图 3-3 托架

图 3-4 所示为杠杆结构铸件,因两臂高低不同,必须采用不同分型面,给模样、模板的制造带来困难。改成图 3-4(b)所示的结构,则可用一简单平直分型面进行造型。

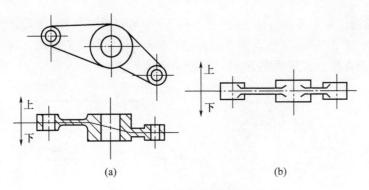

图 3-4 简化分型面的铸件结构

(a) 不合理; (b) 合理。

(二) 铸件结构应避免不必要的型芯,并尽量避免活块

图 3-5 为减少型芯数量的铸件,图 3-5(a)为尺寸较大的悬臂支架,铸件为中空结构,必须采用悬臂型芯,图 3-5(c)中的侧凹部分也必须用型芯造出,既费工时,型芯又难固定,改成图 3-5(b)和 3-5(d)所示结构则可省去型芯数量。

设计铸件上的凸台、肋条时,应考虑便于造型。图 3-6(a)中凸台和图 3-6(b)侧面凸台均妨碍起模,必须采用活块或增加型芯来克服。若这些凸台与分型面的距离较近,则应将凸台延长到分型面(图 3-6(c)、(d)),以简化造型。

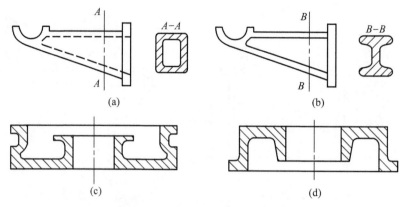

图 3-5　减少型芯数量的铸件结构

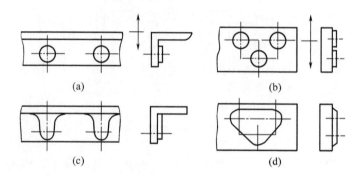

图 3-6　凸台的设计

铸件的内腔通常由型芯制出,但在一定条件下,也可以利用砂垛(上箱叫吊砂,下箱叫自带型芯)来获得。图3-7(a)所示因铸件内腔出口处较小,只好采用型芯。图3-7(b)为改进后的结构,因内腔直径 D 大于高度 H,故可用砂垛取代型芯。

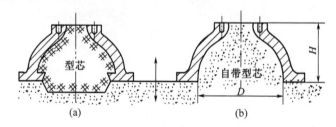

图 3-7　内腔的两种设计形式

（三）铸件的结构斜度

在铸件上凡垂直于分型面的不加工表面,必须具有结构斜度,这样起模省力,起模时型腔表面不易被损坏。图3-8所示为缝纫机边脚,由于铸件各部分均有30°左右的结构斜度(参见 A-A 视图),可用砂垛取代型芯,而各个沟槽均不需型芯,起模方便。

铸件结构斜度的大小随铸件垂直壁的高度而不同,高度越小,斜度越大,具体数值可参见表3-1。由表3-1可见,凸台和壁厚过渡处,其斜度可增加到30°~50°。对于垂直分型面的加工表面,因结构本身不允许有斜度,为了减少起模困难,制造模样时,在给出加工余量的同时给

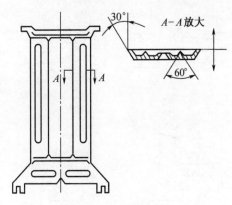

图 3-8 缝纫机边脚

予角度很小的起模斜度(0.5°~3°之间),切削加工后斜度可去除。

表 3-1 铸件的结构斜度

	斜　度 a:h	角　度 β	适　用　范　围
	1:5	11°30′	h<25mm 钢和铸铁件
	1:10~ 1:20	3°~5°30′	h = 25~500mm 钢和铸铁件
	1:50	1°	h>500mm 钢和铸铁件
	1:100	30′	有色合金件

铸件的结构斜度与起模斜度不容混淆。前者,直接在零件图上示出,且斜度值较大;后者,在绘制铸造工艺图或模样图时,对零件图上没有结构斜度的侧壁给予很小的角度。

（四）铸件结构应考虑到铸型装配时的稳定和便于排气

型芯在铸型中的固定主要依靠型芯头,当型芯支持面数量不足时,可用型芯撑辅助支撑。但型芯撑常因表面氧化不能与金属很好地熔合,这时铸件在承受水压或气压时易渗漏,一般应避免使用型芯支撑。

图 3-9 所示为有利于型芯固定和排气的铸件。图 3-9(a)、(c)必须用型芯撑作为辅助支撑,且图 3-9(c)所示铸件不利于排气。改成图 3-9(b)、(d)结构后,成为一个整体型芯,型芯稳定性大大提高,可免去型芯撑,且铸件均排气方便。

三、铸件结构应便于铸件清砂

有时铸件上并不要求做出孔洞,但是为了在铸造过程中固定型芯和清砂,可设计出适当数量的工艺孔。若零件上不允许有此孔,则可在落砂清理后用螺钉或塞柱堵住,也可用焊板堵死,如空心球的铸造就是这样的。

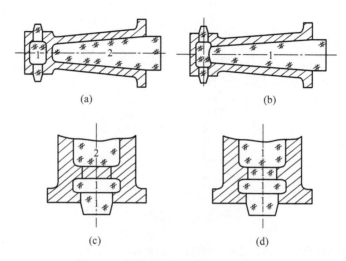

图 3-9　有利于型芯固定和排气的铸件

第二节　铸件结构与后续机械加工的关系

需机械加工的零件,在制作模样时,有加工面的地方要加上加工余量,设计铸件结构时必须注意加工余量对铸件形状的影响。为了后续加工方便,铸件设计时应考虑到夹持、退刀及减少加工面积等因素。

一、铸件设计应考虑到加工余量对铸件内腔形状的影响

图 3-10 所示为一种压盖结构。若设计成图 3-10(a)所示结构,则内腔加工面处加上加工余量后就形成了封闭结构。如图 3-10(b)所示,本来可以自带型芯,结果必须用专门的型芯制造。设计成图 3-10(c)所示结构,加上加工余量后,仍为开放结构。再者,内腔为封闭结构,芯盒制作也困难。

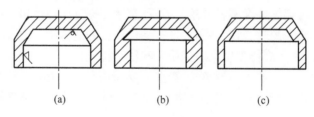

图 3-10　压盖

二、铸件设计应便于后续加工

(一)留出必要的退刀槽

在设计铸件时,为了便于切削加工时的进刀和退刀,有时要预留退刀槽。图 3-11 所示为为刨削加工而留出的退刀槽。图 3-12 所示为为镗孔而留出的退刀槽。

(二)避免在斜面上钻孔

孔的进出口表面应设计成与孔的轴线相互垂直的结构,不垂直时,钻削过程中会因钻头受力不均匀而使孔偏歪或折断钻头,如图 3-13 所示。图 3-13(a)合理,图 3-13(b)、(c)均不合理。

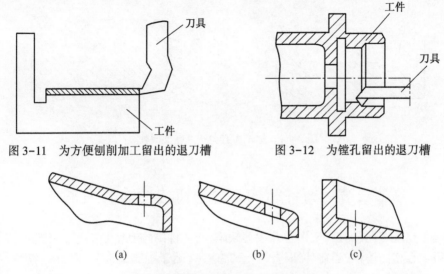

图 3-11　为方便刨削加工留出的退刀槽　　　图 3-12　为镗孔留出的退刀槽

图 3-13　孔轴线与进出口表面的关系

(a) 合理；(b) 不合理；(c) 不合理。

（三）清楚地区分加工面与非加工面

如图 3-14 所示，加工面与非加工面相比，凸出高度 a 不能太小。尽管铸造时在 a 上还要有加工余量，但如果 a 太小，加工时可能因装夹不平而使工件稍有倾斜，加工完后 a 高度不能保证，甚至局部完全加工掉，为此 a 必须大于 5mm（加上加工余量后大于 10mm）。

（四）铸铁结构应便于切削时装夹

铸件能否方便、可靠地装夹在机床或夹具上，直接关系到加工质量和生产率。

图 3-15（a）所示不便切削夹持，图 3-15（b）所示结构合理。

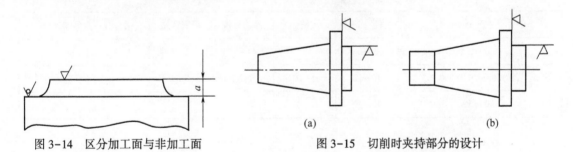

图 3-14　区分加工面与非加工面　　　图 3-15　切削时夹持部分的设计

（五）加工面设计应减少刀具调整次数，并且避免将加工面布置在低凹处

图 3-16（a）设计不合理，图 3-16（b）设计合理。图 3-17（a）设计不合理，图 3-17（b）设计合理。

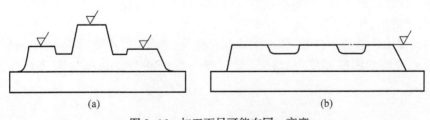

图 3-16　加工面尽可能在同一高度

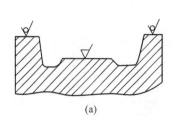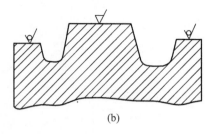

图 3-17 加工面避免布置在低凹处

第三节 铸件结构与合金铸造性能的关系

铸件是否出现缩孔、缩松、变形及开裂等缺陷,与铸件结构有密切关系。流动性好,收缩小的合金易得到合格的铸件,当铸件结构设计合理时,有助于提高流动性,补充收缩,减缓应力,避免变形或开裂。因此,设计铸件时,必须考虑以下几方面。

一、铸件壁厚

(一) 铸件的最小壁厚

在一定的铸造条件下,铸造合金能充满铸型的最小厚度称为该合金铸件的最小壁厚。由于各种合金本身流动性不同,允许的最小壁厚也不同。同一种合金,当铸造方法不同或铸件尺寸大小不同时,允许的最小壁厚也不同。砂型铸造时,不同铸造合金,不同铸件尺寸,允许的最小壁厚如表 3-2 所列。当所设计的铸件壁厚小于允许的最小壁厚时,由于型腔太窄,液态合金难以充满,可能造成浇不足、冷隔等缺陷。

表 3-2 砂型铸造条件下,铸件的最小壁厚   单位:mm

铸件尺寸/(mm×mm)	铸 钢	灰铸铁	球墨铸铁	可锻铸铁	铝合金	铜合金
<200×200	5~8	3~5	4~6	3~5	3~3.5	3~5
200×200~500×500	10~12	4~10	8~12	6~8	4~6	6~8
>500×500	15~20	10~15	12~20	—	—	—

(二) 铸件的临界壁厚

在铸造厚壁铸件时,容易产生缩孔、缩松及晶粒粗大等缺陷,会使铸件的力学性能下降。为此,各种铸造合金都存在一个临界壁厚。铸件的壁厚超过临界壁厚时,铸件的承载能力不但不随厚度的增加而增加,甚至反而会有显著下降。

一般在砂型铸造条件下,各种铸件的临界壁厚可按其最小壁厚的 3 倍来考虑。

(三) 铸件的内、外壁厚度

铸件的内壁由于散热条件差,比外壁冷却速度慢,为使内、外壁同时凝固,减缓应力,铸件设计时应将铸件的内壁厚度设计的比外壁薄一些。表 3-3 所列为灰铸铁件壁厚的参考值。

表 3-3　灰铸铁件壁厚的参考值

铸件重量 G/kg	铸铁最大尺寸 /mm	外壁厚度 $t_{外}$/mm	内壁厚度 $t_{内}$/mm	肋的厚度 $t_{肋}$/mm	零件举例
<5	300	7	6	5	盖、拨叉、轴套及端盖等
6~10	500	8	7	5	挡板、支架、箱体、门及盖等
11~60	750	10	8	6	箱体、电动机支架、溜板箱及托架等
61~100	1250	12	10	8	箱体、油缸体及溜板箱等
101~500	1700	14	12	8	油盘、带轮及镗模架等
501~800	2500	16	14	10	箱体、床身、盖及滑座等
801~1200	3000	18	16	12	小立柱、床身、箱体及油盘等

为了充分发挥合金的效能,使之既能避免厚大截面,又能保证铸件的强度与刚度,应当根据载荷的性质和大小,选择合理的截面形状,如丁字形、工字形、槽形或箱形结构,并在脆弱部分安置加强肋。为了减轻铸件重量,便于型芯固定、排气和铸件的清理,常在壁上开设窗口。图 3-18 所示为导架铸件的结构实例。

（四）铸件的壁厚应尽可能均匀

若铸件各部分的厚度差别过大,则会在厚壁处形成金属积聚的热节,致使厚壁处易产生缩孔、缩松等缺陷。同时,由于铸件各部分的冷却速度差别较大,还将形成热应力,这种热应力有时可使铸件薄厚连接处产生裂纹,如图 3-19 中(a)。如果铸件的壁厚均匀,则上述缺陷常可避免,如图 3-19(b)所示。必须指出,所谓铸件壁厚的均匀性是使铸件各处的冷却速度相近,并不要求所有的壁厚完全相同。

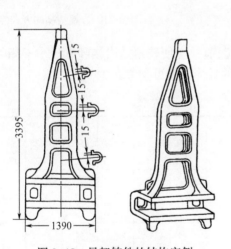

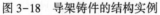

图 3-18　导架铸件的结构实例

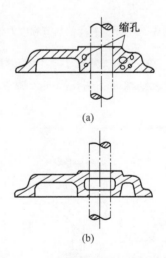

图 3-19　力求壁厚均匀的铸件结构

检查铸件壁厚的均匀性时,必须将铸件的加工余量考虑在内,因为有时不包括加工余量时比较均匀,但包括加工余量后热节却很大。

对于某些难以做到壁厚均匀的铸件,若合金的缩孔倾向较大,则应使其结构便于实现定向凝固,以便安置冒口,进行补缩。

二、铸件壁的连接

在铸件结构设计时，经常碰到两个、三个甚至更多的壁相连接的情况，正确地设计壁的连接，对于防止缩孔、缩松、裂纹及黏砂等缺陷都有十分重要的意义。

（一）铸件结构圆角

铸件壁间的转角处一般应具有结构圆角，这是由于：

（1）直角连接处形成了金属的积聚，而内侧散热条件差，故较易产生缩孔和缩松。

（2）在载荷的作用下，直角处的内侧产生应力集中，使内侧实际承受的应力较平均应力大大增加（图 3-20 中（a））。

（3）在一些合金的结晶过程中，将形成垂直于铸件表面的柱状晶，若采用直角连接，则因结晶的方向性，在转角的分角线上形成了整齐的分界面，如图 3-21（a）所示，在此分界面上集中了许多杂质，使转角处成为铸件的薄弱环节。

上述诸因素均使铸件转角处的力学性能下降，较易产生裂纹。当铸件采用圆角结构时（图 3-20（b）和图 3-21（b）），可克服上述不足之处，提高了转角处的力学性能。此外，尖角阻碍金属液流动；铸造外圆角还可美化铸件的外形，避免划伤人体；铸造内圆角还可防止金属液流将型腔尖角冲毁。综上所述，圆角是铸件结构的基本特征，不容忽视。

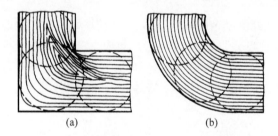

图 3-20 不同转角的热节和应力分布

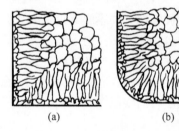

图 3-21 金属结晶的方向性

铸造内圆角的大小应与铸件的壁厚相适应，通常应使转角处内接圆直径小于相邻壁厚的 1.5 倍，过大则增大了缩孔倾向。铸造内圆角的具体数值可参考表 3-4。

表 3-4 铸造内圆角半径 R 值　　　　　　　　　　单位：mm

$\dfrac{a+b}{2}$	≤8	8~12	12~16	16~20	20~27	27~35	35~45	45~60
铸铁	4	6	6	8	10	12	16	20
铸钢	6	6	8	10	12	16	20	25

（二）尽量减小与分散热节点，避免壁的交叉

在铸件截面上，内接圆直径较大处，表示该处积聚的金属较多，凝固得较晚，易产生缩孔。内接圆直径大于铸件一般壁厚的地方，在铸造上称为"热节点"。

为了减小热节点和内应力,应避免铸件壁间的锐角连接。若两壁间的夹角小于90°,则应考虑图3-22所示的过渡形式。

（三）厚壁与薄壁的连接要逐步过渡

铸件各部分的壁厚往往难以做到均匀一致,甚至存在很大差别。为了减少因冷却不均匀而产生的应力集中现象,应采用逐步过渡的方法,防止壁厚的突变。表3-5所列为壁厚过渡的几种形式和尺寸。

三、防裂肋的应用

为了防止热裂,可在铸件易裂处增设防裂肋,如图3-23所示。为使防裂肋能起到应有的防裂效果,肋的方向必须与机械应力方向相一致,而且肋的厚度应为联接壁厚的1/4~1/3。由于防裂肋很薄,故在冷却过程中迅速凝固而具有较高的强度,从而增大了壁间的联接力。防裂肋常用于铸钢、铸铝等易热裂合金。

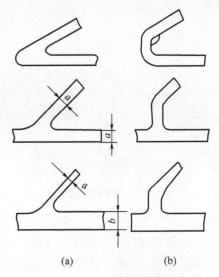

图 3-22　锐角的连接
(a) 不良; (b) 良好。

表 3-5　几种壁厚过渡的形式及尺寸　　　　　　单位:mm

图　例		尺　寸	
$b \leqslant 2a$		铸铁	$R \geqslant \left(\dfrac{1}{6} \sim \dfrac{1}{3}\right)\left(\dfrac{a+b}{2}\right)$
		铸钢	$R \approx \dfrac{a+b}{4}$
$b > 2a$		铸铁	$L > 4(b-a)$
		铸钢	$L \geqslant 5(b-a)$
$b > 2a$			$R \geqslant \left(\dfrac{1}{6} \sim \dfrac{1}{3}\right)\left(\dfrac{a+b}{2}\right)$ $R_1 \geqslant R + \left(\dfrac{a+b}{2}\right)$ $c \approx 3\sqrt{b-a}$ $h \geqslant (4 \sim 5)c$

四、铸件尽量避免过大的水平面

大的水平面不利于金属填充。在浇注时,如果型内有较大的水平型腔存在,当液体金属上升到该位置时,由于断面突然扩大,上升速度缓慢,灼热的液体金属较长时间烘烤顶部型面,极易造成夹砂、浇不足等缺陷,同时,也不利于金属夹杂物和气体的排出。因此,应尽量设计成倾斜壁,如图 3-24 所示。

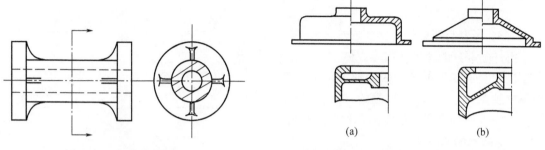

图 3-23 防裂肋的应用

图 3-24 避免大水平面的铸件结构
(a) 不合理; (b) 合理。

五、铸件结构应避免受阻收缩

如前所述,当铸件的收缩受到阻碍、铸造内应力超过合金的强度极限时,铸件将产生裂纹。因此,设计铸件的肋、辐时,应尽量使其得以自由收缩。

图 3-25(a)为常见的轮形铸件,其轮辐为直线形、偶数,这种轮辐易于制造模样,当采用刮板造型时,等分轮辐较为简便。它的缺点是若轮缘、轮辐和轮毂间比例不当,常因收缩不一致,导致内应力过大,使铸件产生裂纹。为了防止上述裂纹,可改用图 3-25(b)所示的弯曲轮辐,它可借助轮辐本身的微量变形自行减缓内应力。同时,也可以将偶数的轮辐改为奇数轮辐,此时,在内应力的作用下,可通过轮缘的微量变形自行减缓内应力。显然,后两种轮辐适于抗裂性能要求较高的铸件。

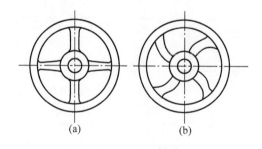

图 3-25 轮辐的设计

复习思考题

1. 铸件结构和铸造工艺关系如何? 铸造工艺对铸件结构的要求有哪些?
2. 铸件结构与后续机械加工的关系如何?
3. 为什么要确定铸件的最小壁厚?
4. 什么是铸件的结构斜度? 它与起模斜度有何不同? 图示铸件的结构是否合理? 应如何改正?
5. 图示水嘴在结构上有哪处不合理? 请改正。

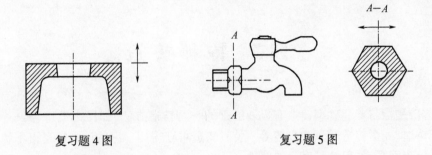

复习题 4 图　　　　　　　　　复习题 5 图

6. 为什么铸件要有结构圆角？图示铸件上哪些圆角不够合理？应如何改正？

7. 图示铸件结构是否合理？在保证尺寸 H 的前提下，如何使铸件的壁厚尽可能均匀？

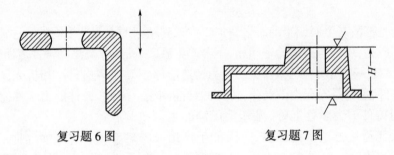

复习题 6 图　　　　　　　　　复习题 7 图

第四章 特种铸造

特种铸造是指与普通砂型铸造有显著区别的一些铸造方法,如压力铸造、离心铸造、精密铸造、低压铸造、壳型铸造及真空吸铸等。特种铸造可获得用一般的砂型铸造得不到的生产速度,可铸造出表面平滑、尺寸精度高的铸件。

第一节 压力铸造

压力铸造是把液态金属或半液态金属加压注入到精密的金属铸型内的一种铸造方法。因使用铸型为金属型,所以与砂型铸造相比,不会产生砂眼、黏砂等缺陷。铸件表面美观、尺寸精度高,因此压铸件一般不用再机械加工。压力铸造能够正确地铸出像照相机壳体那样形状复杂而壁薄的铸件,压铸是在压力下结晶,铸件的结晶细密。因此,铸件的力学性能比砂型铸件或普通金属型铸件的力学性能好,尤其是压铸的生产率比其他任何铸造方法都高得多,一天能生产出1000~2000个铸件,适合于大批量生产。当壁厚增加时,在中心部位易出现细微的晶间缩孔缺陷,如果将半液态金属压入金属型内,其压铸件具有与锻件相似的性质,液态金属压铸所用的压力为3.0~5.0MPa,但半液态金属压铸所用压力必须为10.0~20.0MPa,压力铸造中铝合金、锌合金用得最多,铜合金、锑合金以及镁合金也被使用。

压铸机按压射部分的特征可分为热压室式和冷压室式两类,图4-1所示为热压室式压铸机的压铸过程示意图,图4-2所示为冷压室式压铸机的压铸过程示意图。

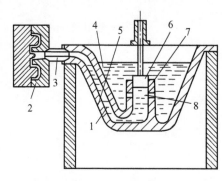

图 4-1 热压室式压铸机压铸过程示意图
1—通道;2—压铸型;3—喷嘴;4—液态金属;
5—坩埚;6—压射冲头;7—压室;8—进口。

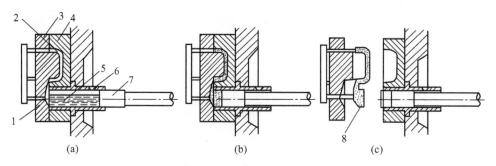

(a)　　　　　　　(b)　　　　　　　(c)

图 4-2 冷压室式卧式压铸机压铸过程示意图

(a) 合型;(b) 压铸;(c) 开型。

1—浇道;2—型腔;3—动型;4—定型;5—液态金属;6—压室;7—压射冲头;8—涂料。

热压室式压铸机把熔化炉作为机械的一部分,且用柱塞泵把浇包中的液态金属通过鹅颈管内的金属套管压入到金属型的型腔内。

冷压室式压铸机把熔化炉放在压铸机的附近,把熔化炉中的液态金属用勺或者通过电磁泵的自动给液装置供给到浇注缸中,再压入到压铸模中。

无论哪种压铸机都是将液态金属在压力下浇入铸型,在压力下结晶凝固后立即用顶杆顶出,制品从金属型中取出。

压铸机逐渐有大型化的倾向,几乎都是电器控制。目前在国际上,为满足液态金属铸造的需要,两段加压式高速高压精密压铸正在迅速发展。

第二节　离心铸造

所谓离心铸造就是利用离心力铸造的方法。一般在高速旋转的铸型中注入金属液,使金属在离心力作用下填充铸型和结晶。用于离心铸造的铸型有金属型和砂型,但使用金属型时,根据需要有时需要预热铸型,有时需要水冷促进凝固。

离心铸造时,因金属中的气体、熔潭等杂质密度小而集中在内表面,因而铸件组织细密而且无缩孔、气孔,抗拉强度高,耐蚀性好。

离心铸造可铸成中空铸件,又能铸成成形铸件。当铸造具有圆形内腔中空铸件时(如铸铁管),因铸型绕其圆形中心线旋转,液态金属在离心力作用下注入到铸型壁,所以可省去型芯和浇注系统,省工、省料。在浇注成形铸件时,在以旋转中心线对称的位置上排列若干铸型,从设置在旋转中心处的直浇道将液态金属注入,通过离心力把液态金属输送到设置在周围的铸型内,铸出致密的铸件,如图4-3所示。

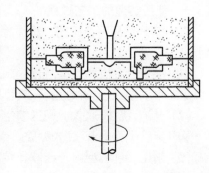

图4-3　成形铸件的离心铸造

铸型在离心铸造上可绕垂直轴旋转或者绕水平轴旋转,前者称为立式离心浇注机,后者称为卧式离心浇注机,如图4-4所示。

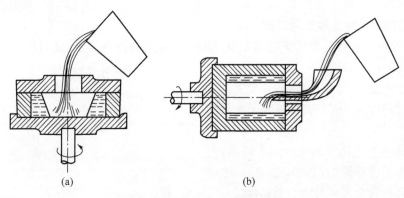

(a) (b)

图4-4　圆筒件的离心铸造
(a) 立式离心浇注机；(b) 卧式离心浇注机。

在卧式离心铸造法中,铸型的旋转速度不仅是为了使金属不在重力作用下下落,而且是为了防止缩孔、气孔及改善材质,因此必须有相当的转速,使其产生的离心力是重力的 40~130 倍。转速 N 通常用下式来表示:

$$G = \frac{2\pi^2 DN^2}{60^2 g} = \frac{DN^2}{178730}$$

式中　G——重力的倍数;

　　　D——铸管的外径(cm);

　　　N——每分钟转数(r/min);

　　　g——重力加速度(980cm/s^2)。

一般重力的倍数取 60 左右是合适的。内径 150mm 以下的小管可取 $G = 110$。

第三节　低压铸造

低压铸造是用较低压力将金属液由铸型底部注入型腔,并在压力下凝固以获得铸件的方法。由于所用压力较低(一般为 0.02~0.06MPa),故称为低压铸造。

一、低压铸造的工艺过程

图 4-5 为低压铸造工艺过程原理示意图,其工艺过程如下:

(1) 准备合金液和铸型,将熔炼好的合金液倒入电阻保温炉的坩埚中,装上密封盖、升液管及铸型。

(2) 升液、浇注,通入干燥压缩空气,合金液在较低压力下从升液管平稳上升,注入型腔。

(3) 增压、凝固,型内合金液在较高压力下结晶,直至全部凝固。

(4) 减压、降液,坩埚上部与大气连通,升液管内合金液流回坩埚。

(5) 开型取出铸件。

二、低压铸造的特点和应用范围

由上述过程可以看出,低压铸造的充型过程既与重力铸造有区别,又与压力铸造有区别,具有某些独特的优点:

(1) 底注充型,平稳且易控制,减少了金属液注入型腔时的冲击、飞溅现象,提高了产品的合格率。

(2) 金属液上升速度和结晶压力可调整,低压铸造适用于各种铸型(砂型、金属型、熔模型壳……)、各种合金及各种大小的铸件。

(3) 浇注系统简单,金属利用率很高,通常可在 90% 以上(表 4-1)。

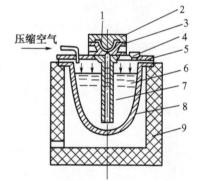

压缩空气 →

图 4-5　低压铸造的工作原理示意图
1—铸件;2—上型;3—下型;4—注液口;
5—密封盖;6—合金液;7—升液管;
8—坩埚;9—电阻加热保温炉。

表 4-1　金属利用率比较

铸造方法	金属利用率/%
低压铸造	90~95
砂型铸造	≈70
金属型铸造	50~60
压力铸造	75~80

（4）与重力铸造（砂型、金属型）相比较，铸件的轮廓清晰，力学性能较高（提高 10% 左右），劳动条件改善，易于机械化和自动化。

由于低压铸造的上述优点，从 20 世纪 60 年代起，国内外相继重视这一新工艺，并用于生产，主要用来铸造质量要求高的铝合金、镁合金铸件，如气缸体、气缸盖和高速内燃机的铝活塞等形状较复杂的薄壁铸件。

第四节 熔 模 铸 造

熔模铸造是用易熔材料制成模样，然后用造型材料将其包住，经过硬化，再将模样熔失，从而获得无分型面铸型的方法。由于熔模广泛采用蜡质材料来制造，所以又常把这种方法称为"失蜡铸造"。

熔模铸造的工艺过程如图 4-6 所示。图 4-6(a) 表示把 50%（质量分数）石蜡和 50%（质量分数）的硬脂酸熔化后挤入压型中，冷却凝固后取出，修去毛刺，即得单个蜡模。图 4-6(b) 表示为一次能铸出多个铸件，将单个蜡模黏合到蜡质浇注系统上，制成蜡模组。用黏结剂（多用水玻璃）和石英粉配成涂料，将蜡模组浸挂涂料，如图 4-6(c) 所示。然后向其表面撒一层硅砂，如图 4-6(d) 所示。将黏附硅砂的蜡模组放入硬化剂中硬化（硬化剂常用氯化铵溶液），如图 4-6(e) 所示。把图 4-6(c)、图 4-6(d) 和图 4-6(e) 的工艺反复操作，重复涂挂 3~7 次，至结成 5~10mm 硬壳为止。再将它浸泡在 85~95℃ 的热水中，蜡模熔化而脱出，如图 4-6(f) 所示。脱蜡后形成铸型空腔，为进一步排除型壳的残余挥发物，提高其质量，还要将铸型在 850~950℃ 焙烧，制好的铸型可进行浇注，如图 4-6(g) 所示。图 4-6(h)、(i)、(j) 为落砂和清理。

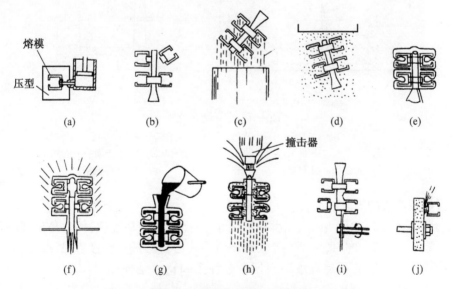

图 4-6 熔模铸造的工艺过程

(a) 制造熔模；(b) 制成模组；(c) 挂涂料；(d) 撒砂；(e) 型壳干燥，硬化；

(f) 脱模，焙烧；(g) 浇注；(h) 落砂；(i) 切割浇道；(j) 打磨浇道。

熔模铸造产品精度高,铸件表面良好,几乎所有材料都可铸造。例如,不能机械加工的复杂形状的制件或因料硬而不能进行机械加工的制件均可用熔模铸造生产。这种铸造方法的缺点是生产费用较高,制件大小受到一定的限制,喷气式飞机的发动机中燃气轮的叶片、喷嘴,泵的叶轮,电器零件及美术雕刻物等的制造都广泛采用熔模铸造。

第五节　金属型铸造

金属型铸造是在重力作用下将液体金属浇入金属铸型以获得铸件的方法。由于铸型用金属制成,可以反复使用,故又称为永久型铸造。

一、金属型

金属型的材料一般采用铸铁,要求较高时,可选用碳钢或低合金钢。铸件的内腔可用金属型芯或砂芯得到,薄壁复杂件或黑色金属件多采用砂芯,而形状简单件或非铁金属件多采用金属型芯。

金属型的结构有多种型式,如水平分型式、垂直分型式及复合分型式等。图4-7(a)所示为水平分型式金属型,它和两箱造型的砂型结构类似,多用于生产薄壁轮状铸件。图4-7(b)所示为复合分型式金属型,上半型由垂直分型的两半型组成,用铰链开合,下半型为水平底板,固定不动,这种金属型操作方便,广泛应用于复杂铸件。

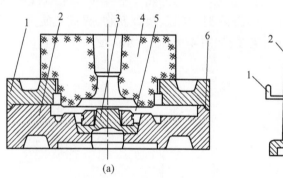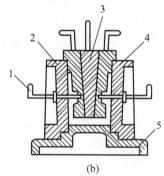

图4-7　金属型构造

(a) 水平分型式;　　　　　　　(b) 复合分型式。
1—上型;2—下型;3—型块;4—砂芯;　　1—金属型芯;2—左半型;3—分块;
5—型腔;6—止口定位。　　　　　4—右半型;5—底型。

二、金属型铸造的工艺特点

(1) 金属型预热。未预热的金属型导热性好,使金属液冷却过快,铸件易出现冷隔、浇不足、夹杂及气孔等缺陷。同时,铸型本身受到强烈热冲击,应力倍增,极易损坏。因此,金属型在浇注前要预热,合适的预热温度应根据合金种类和铸件结构通过实验而定,一般不能低于150℃。

(2) 刷涂料。金属型表面应喷刷一层耐火涂料(厚度为0.3~0.4mm),以保护型壁表面免受金属液的直接冲蚀和热击。利用涂料层的厚薄可改变铸件各部分冷却速度,还可起蓄气和排气作用。不同合金采用的涂料不同,铝合金铸件常用含氧化锌粉、滑石粉和水玻璃的涂料。灰铸铁件常用的涂料组成为石墨、滑石粉、耐火黏土和水。

（3）浇注。由于金属型的导热能力强，因此浇注温度应比砂型铸造高 20~30℃。铝合金为 680~740℃，铸铁为 1300~1370℃，锡青铜为 1100~1150℃，对于薄壁小件取上限，对于厚壁大件取下限。

（4）开型时间。铸件在金属型内停留的时间越长，温度越低，其收缩量就越大，取出铸件时困难就越大，而且铸件产生内应力和裂纹的倾向越大。同时为了使金属型的温度升得越高，需要的时间冷却越长，导致生产率下降。因此，掌握合适的开型时间十分重要，一般要通过实验来确定。

三、金属型铸件的结构特点

对金属型铸件结构设计的要求如下：由于金属型铸件的无退让性和溃散性，铸件结构一定要保证能顺利出型，结构斜度应较砂型铸件大。壁厚要均匀，铸件最小壁厚的限制为铝硅合金 2~4mm，铝镁合金 3~5mm，铸铁 2.5~4mm。

四、金属型铸造的特点和应用范围

与砂型铸造相比，金属型铸造有如下优点。

（1）金属型铸件冷却快，组织致密，力学性能较高。如铝合金金属型铸件，其抗拉强度平均可提高 25%，屈服强度平均提高约 20%，同时，抗蚀性能和硬度也有显著提高。

（2）铸件的精度和表面质量较高，尺寸公差等级平均为 IT12~IT14，表面粗糙度 Ra 值平均可达 6.3μm。

（3）浇冒口尺寸较小，液体金属耗量减少，一般可节约 15%~30%。

（4）不用砂或少用砂，可节约造型材料 80%~100%，减少砂处理和运输设备，减少粉尘污染。

金属型铸造的主要缺点是不透气、无退让性、铸件冷却速度大且容易产生各种缺陷。因此，对铸件要有选择，对铸造工艺要严格控制。采用金属型铸造铸件时必须采用机械化和自动化装置，否则劳动条件反而恶劣。

金属型铸造适用于大批量生产的非铁合金铸件，如铝合金的活塞、气缸体、气缸盖、液压泵壳体及铜合金轴瓦、轴套等。对于黑色金属铸件，只限于形状简单的中、小件。

各种铸造方法都有其优缺点，不能认为某种方法最完善，必须结合生产具体情况，如铸件的大小、形状、合金品种、生产批量、表面质量要求以及现有设备条件等，进行全面比较，才能正确地选择铸造方法。

铸件浇注终了后，从砂箱中取出，去掉铸件上带的浇冒口和飞边，然后清砂，表面的铸造缺陷可用焊补法补修，以减少废品率。为防止铸件变形或者改善切削加工性要进行热处理。

铸件的检验，首先是外观检验和尺寸检验，看其是否有表面缺陷，形状和尺寸是否与图样一致。

铸件检验有破坏性检验和非破坏性检验，破坏性检验只从一个批量中抽检 1 个或几个样件，非破坏性检验依图样要求逐个检验或抽检。

铸件的缺陷有缩孔、气孔、冷隔、砂眼、热裂、表面粗糙、错箱，铸件材料的成分、组织及力学性能不合格等。

检验的项目有材料实验（拉伸实验、硬度实验、冲击实验和疲劳实验）、致密实验（水压实验、气压实验）、组织检验（断口检查、宏观腐蚀实验和显微组织检验）、无损探伤（磁力探伤、超声波探伤和射线检查)等。

复习思考题

1. 什么是熔模铸造？试用方框图表示其大致工艺过程。

2. 为什么熔模铸造是最有代表性的精密铸造方法？它有哪些优越性？

3. 金属型铸造有何优越性？为什么金属型铸造未能广泛取代砂型铸造？

4. 压力铸造有何优缺点？它与熔模铸造的适用范围有何不同？

5. 什么是离心铸造？它在圆筒形或圆环形铸件生产中有哪些优越性？成形铸件采用离心铸造有什么好处？

第五章 常用合金铸件的生产

铸造合金的种类很多,比较常用的有铸钢、灰铸铁、球墨铸铁、可锻铸铁、合金铸铁、铜合金和铝合金。

第一节 铸钢件生产

钢的塑性好,一般用压力加工来制造毛坯或零件,用于锻造的钢种原则上都可以用来铸造。某些锻造性能和可加工性差的钢,也可铸造成形。钢经铸造成形后叫铸钢件。为满足铸造工艺和性能要求,有些钢种在成分上应做适当调整,例如,铸造碳钢的含硅量较锻造钢略高,某些流动性较差的钢种,用于铸钢时需适当提高含碳量。

铸钢按化学成分可分为碳钢和合金钢两大类。生产中铸造碳钢应用最广,占铸钢总产量的80%以上。

一、铸造碳钢的铸造性能

铸造碳钢的流动性较差,凝固收缩及线收缩大。因此,铸造碳钢件容易产生内应力,形成热裂、缩孔和冷隔等缺陷。钢液脱氧不完全时,会因氧化铁与碳反应生成一氧化碳气泡,在钢中形成气孔。引起铸件气孔的诸多因素中,氢的危害性较大。

二、常用铸造碳钢的牌号及性能

铸造碳钢中的主要元素除了铁以外,还有碳,以及少量的硅、锰、磷和硫等元素。

铸造碳钢按其化学成分不同可以分为低碳钢、中碳钢及高碳钢。常用于制造机器零件的铸造碳钢主要是中碳钢。这是由于低碳钢熔点高,流动性差,且易氧化和热裂。高碳钢虽然铸造性能较好,但塑性、韧性差。表5-1所列为常用铸造碳钢的牌号、成分、力学性能和用途举例。

表5-1　铸造碳钢的牌号、成分、力学性能和用途举例(GB 11352—89)

钢 号	化学成分(质量分数)/%			力学性能				用途举例
	C	Mn	Si	σ_b/MPa	$\sigma_{0.2}$/MPa	δ/%	α_k/(J·cm^{-2})	
ZG230—450	0.22~0.32	0.5~0.8	0.20~0.45	450	240	19	40	机座、箱体、锤座、车轮及轴架等
ZG270—500	0.32~0.42	0.5~0.8	0.20~0.45	500	280	15	35	飞轮、机架、齿轮、蒸汽锤和水压机工作缸
ZG310—570	0.42~0.52	0.5~0.8	0.20~0.45	550	320	12	30	联轴器、齿轮、齿轮圈及重负荷机架等
ZG340—640	0.52~0.60	0.5~0.8	0.20~0.45	650	350	10	20	起重机齿轮、联轴器及轧辊等

注:1. ZG表示铸钢,后面两组数字分别表示屈服强度和抗拉强度;
　　2. 表中所列为正火状态的力学性能。

由表5-1可见，铸造碳钢有良好的综合力学性能，它不仅强度高，而且塑性和韧性良好。因此，适于制造形状复杂、强度和韧性要求高的零件，如火车轮、高压阀门及变速箱壳等。此外，铸钢的焊接性能好，便于采用铸-焊联合结构制造形状复杂的巨大铸件。所以，铸造碳钢在重型机械制造中尤为重要。

铸造碳钢件按其质量指标可以分为三级，如表5-2所列。

Ⅰ级为高级铸件，Ⅱ级为优质铸件，Ⅲ级为普通铸件。铸件质量级别注在钢号后边，Ⅲ级可以不注明。如ZG230—450Ⅱ，就代表含碳量为0.22%~0.32%的优质铸造碳钢件。

表5-2　铸造碳钢分级

铸件级别	化学成分/%（质量分数）	
	S≤	P≤
Ⅰ	0.04	0.04
Ⅱ	0.05	0.05
Ⅲ	0.06	0.06

三、钢的铸造工艺特点

（一）钢的熔炼

用于铸钢件生产的炼钢炉有平炉、电炉等。平炉炼钢用的基本原料是炼钢生铁和钢，此外，还有各种铁合金和金属，用以调整钢的化学成分，以符合铸造及力学性能的要求。一般机械厂的铸钢车间里，广泛采用三相电弧炉来炼钢。三相电弧炉的构造如图5-1所示。它是以三相交流电为电源，电流通过三根石墨电极，并与金属炉间产生强烈的电弧，利用电弧所产生的热量将金属熔化，并炼制成钢。电炉钢的原料主要是废钢及回炉料。电炉容量一般为每炉钢1~5t，每炼一炉钢耗时2~4h，适合铸钢件生产。电炉停炉、开炉方便并可冶炼多种钢。

（二）铸造工艺特点

（1）铸钢的熔点高，要求型砂有较高耐火度，原砂要采用颗粒大且均匀的硅砂，为防止黏砂，铸型表面还要涂以石英粉。为了减少气体来源，提高合金的流动性和铸型强度，大件多用干型来铸造。

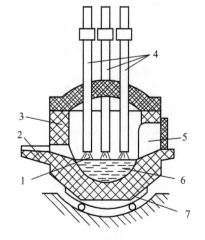

图5-1　三相电弧炉
1—电弧；2—出钢口；3—炉墙；
4—电极；5—加料口；6—钢液；
7—倾斜机构。

（2）钢液的流动性差，易产生浇不足和冷隔。因此，设计铸钢件时最小壁厚应大于8mm。浇注系统截面积要大，并要提高直浇道的高度，以增加浇注时的压力头。为减缓液态的冷却相对提高其流动性，应预热铸型。为了减小气体对液态合金的流动阻力，应在铸型上开出气孔。

（3）铸钢收缩大，为减少机械阻碍应力，应提高铸型退让性。为防止缩孔、缩松缺陷，应采用定向凝固。为消除铸造内应力并细化晶粒，常采用正火或退火处理。

铸造碳钢与铸铁相比，强度与冲击韧度较高，焊接性较好。所以一些受力比较复杂的大铸件或要求强度、冲击韧度较高的中小件采用铸造碳钢来制造。除碳素钢外，为满足特殊需要采用铸造合金钢，低合金钢比铸造碳钢有更高的力学性能。高合金钢常具有耐热、耐磨、耐酸等特殊性能，例如耐酸泵用铸造不锈钢制造，坦克的履带用高锰钢铸造等。

第二节　铸铁件生产

铸铁是一种生产成本低廉并且具有良好性能的铸造金属材料。工业上所用的铸铁,实际上都不是简单的 Fe-C 二元合金,而是以 Fe、C、Si 为主要元素的多元合金。如按重量百分比计算,在汽车、拖拉机中铸铁用量占 50%~70%,在机床生产中铸铁用量占 60%~90%。

铸铁的性能与其内部组织密切相关,铸铁的组织(白口铸铁除外)可以理解为在钢的组织基体上分布有不同形状、大小及数量的石墨。因此铸铁中石墨的形状及数量变化对其性能起着很重要的作用。

一、铸铁的石墨化过程

在金属学基础中已经学习了 Fe-Fe$_3$C 相图,讨论了碳钢及白口铸铁的结晶过程和所得的组织。但生产实践中指出:在适当的条件下(缓慢冷却、过冷不大以及一定的碳、硅含量等),$w_C \geq 2.14\%$ 的铁碳合金可以结晶出石墨来,白口铸铁在 900℃ 以上保温,莱氏体中的渗碳体能分解成奥氏体和石墨。如果在共析温度上下保温或者缓慢冷却,奥氏体不再共析转变成珠光体而将变为铁素体加石墨。

在高温长时间加热时,渗碳体能分解为奥氏体加石墨,说明了渗碳体是亚稳定相,石墨才是稳定相。通常,在铁碳合金的结晶过程中,之所以自液体或奥氏体中析出的是渗碳体,这主要是因为渗碳体的含碳量 $w_C = 6.67\%$,石墨的含碳量 $w_C = 100\%$,二者相比,渗碳体的含碳量更接近铸铁的含碳量($w_C = 2.5\%~4.0\%$),析出渗碳体时所需的原子扩散量较小,渗碳体的晶格形成较易。但在极其缓慢冷却,即提供足够的原子扩散时间的条件下,或在合金中含有可促进石墨形成的元素 Si 时,在铁碳合金的结晶过程中,便会直接自液体或奥氏体中析出稳定的石墨相,而不再析出渗碳体。

铸铁组织中石墨的形成过程称为"石墨化"过程。石墨化过程可分为两个阶段:第一阶段石墨化,即液态阶段石墨化,包括在共晶转变时形成的共晶石墨,过共晶液体中析出的一次石墨;第二阶段石墨化,即固态阶段石墨化,包括奥氏体冷却时析出的二次石墨、在共析转变时形成的共析石墨和因渗碳体分解而析出的石墨,亚共晶合金的石墨化过程如图 5-2 所示。

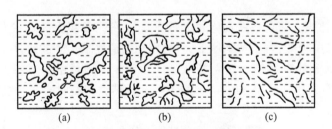

(a)　　　　　　　　　　　(b)　　　　　　　　　　　(c)

图 5-2　亚共晶合金的石墨化过程

(a)从液态中析出奥氏体枝晶;(b)奥氏体和正在生长的奥氏体-石墨共晶领域;

(c)奥氏体基体上分布着片状石墨。

随着合金成分及冷却条件的不同,石墨化程度也不同。如果合金冷却十分缓慢,使液、固两个阶段的石墨化均得以充分进行,则最终得到的组织是铁素体基体上分布着石墨。如果第一阶段石墨化和奥氏体析出二次石墨均能充分进行,而共析石墨化进行得不充分,则得到的组织是珠光体加铁素体基体上分布着石墨。如果共析石墨化受到抑制,则得到的组织是珠光体基体上分布着石墨。

二、铸铁的分类

根据碳在铸铁中存在的形式不同,铸铁可分为五类。

(一) 白口铸铁

当两个阶段的石墨化全部被抑制,完全按 $Fe-Fe_3C$ 相图进行结晶得到铸铁,其中碳全部以渗碳体(Fe_3C)形式存在,断面呈银白色。由于存在大量硬而脆的 Fe_3C,故其硬度高、脆性大,很难切削加工,一般用来制造可锻铸铁的毛坯。

(二) 灰铸铁

在灰铸铁中,碳大部分或全部以片状石墨的形式存在。这类铸铁根据其石墨化程度的不同,又可分为三种基本组织的灰铸铁,即铁素体灰铸铁、珠光体加铁素体灰铸铁和珠光体灰铸铁。灰铸铁石墨成片状,断面为暗灰色,生产工艺简单,价格低廉,是工业上常用的铸铁,在各种铸铁总产量中,灰铸铁占 80% 以上。

(三) 可锻铸铁

铸铁组织中的碳大部分或全部以团絮状石墨的形式存在。其力学性能,特别是冲击韧度较灰铸铁高,但其生产工艺较长,成本高,故只用来制造一些重要的小而薄的铸件。

(四) 球墨铸铁

球墨铸铁中的碳大部分或全部以球状石墨的形式存在。这种铸铁不仅力学性能高,生产工艺远比可锻铸铁简单,并可以通过热处理进一步显著提高强度,故近年来日益得到广泛的应用,代替某些钢制造重要的铸件,如曲轴、齿轮等。

(五) 蠕墨铸铁

蠕墨铸铁是近些年发展起来的一种新型铸铁,其石墨呈短片状,片端钝而圆,类似蠕虫,显然,这种石墨是介于片状和球状石墨之间的一种过渡形式。

三、灰铸铁及其铸造工艺特点

(一) 灰铸铁的显微组织及其性能

如前所述,灰铸铁按基体组织不同可分为铁素体灰铸铁、铁素体-珠光体灰铸铁和珠光体灰铸铁三类:

(1)铁素体灰铸铁。它是在铁素体的金属基体上,分布着粗大的片状石墨(图 5-3(a))。此种铸铁的强度、硬度很低,容易切削加工,一般用来制造要求不高的铸件。

(2)珠光体-铁素体灰铸铁。它是在珠光体和铁素体组成的金属基体上分布着片状石墨(图 5-3(b))。石墨片稍粗大,强度、硬度较差,此种铸铁铸造时容易控制其组织,可加工性能较好,所以用途甚广。

(3)珠光体灰铸铁。它是在珠光体的金属基体上分布着细小而均匀的片状石墨(图 5-3(c))。它在灰铸铁中强度、硬度最高,主要用来铸造重要机件。

灰铸铁的金相组织由金属基体和片状石墨组成,其金属基体与碳钢的一般基体相比没有多大区别。但由于灰铸铁内的硅、锰含量较高,它们能溶解于铁素体中使铁素体得到强化。因此,灰铸铁中的金属基体部分的强度比碳钢的要高。例如,碳钢中的铁素体的硬度约为 80HBS,σ_b 约为 300MPa,而灰铸铁中的铁素体的硬度约为 100HBS,σ_b 则为 400MPa。

石墨是灰铸铁中的碳以游离状态存在的一种形式,它与天然石墨没有什么差别,其特性是软而脆,强度极低($\sigma_b<20MPa$,伸长率近于 0),密度约为 $2.25g/cm^3$(约为铁的 1/3)。若石墨的含量按重量比计为 3%,则按体积比计算占 10%,致使金属基体强度得不到充分发挥,故常把灰铸铁看作有大量微小裂纹或孔洞的碳钢。

  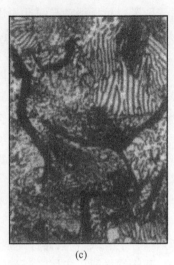

(a)　　　　　　　　　　　(b)　　　　　　　　　　　(c)

图 5-3　灰铸铁的显微组织
(a) 铁素体灰铸铁;(b) 珠光体-铁素体灰铸铁;(c) 珠光体灰铸铁。

灰铸铁内石墨的存在构成了其区别于其他结构材料的组织特点,因而它具有如下性能特征。

1. 力学性能

粗大的片状石墨具有十分强烈的缩减断面及切割作用,使铸铁的金属基体遭受严重破坏,因此力学性能很差。

石墨的切割作用是指片状石墨的尖锐边缘在承受负荷时很容易造成应力集中现象,应力值可达到平均值的 5 倍以上。这种应力集中现象的存在,使灰铸铁即使在承受比较小的负荷时(远远没有达到基体的屈服强度),在石墨边缘处基体的实际应力也会超过它的屈服强度,甚至会造成裂纹。裂纹的出现更加剧了应力集中现象,使裂纹很快扩展,而使整个铸件的脆性发生破坏。

石墨的缩减作用是由于石墨的强度极低,当它存在于基体之中时,占有一定量的体积,使基体承受负荷的有效截面积减少。

很明显,由于片状石墨的存在而引起的性能降低,其切割作用对基体的危害往往比缩减作用要强烈得多。石墨的切割作用主要取决于石墨的形状和分布,尤以形状为主。片状石墨则主要取决于石墨片的尖锐程度。改变石墨形状是提高灰铸铁力学性能的有效措施。石墨的缩减作用主要取决于石墨的大小、数量和分布,尤以数量为主。一般说,石墨的数量越多,尺寸越大,石墨的缩减作用越大,铸铁的强度越低,塑性将更低。在普通灰铸铁中,随着含碳量降低,石墨的数量将减少,如果分布均匀、交叉又少,则铸铁的强度越高。

灰铸铁中金属基体的强度随珠光体的含量和分散度的增加而提高,珠光体强度和硬度较高而塑性和韧性则较铁素体低,但由于石墨存在,基体强度得不到充分发挥,塑性和韧性几乎表现不出来。

2. 良好的减振性

减振性是指材料在交变负荷下,其本身吸收振动的能力,即使振动得到衰减。

片状石墨割裂了基体,阻止了振动的传播。敲击铸铁时声音低沉,余音比钢短很多,这是由于石墨对机械振动起缓冲作用,阻止了振动能量传播的结果。灰铸铁的减振能力为钢的5～10倍,是制造机床床身和机座的好材料。

3. 耐磨性好

灰铸铁摩擦面上的石墨被磨掉的地方形成了大量的显微凹坑,可以储存润滑油以保证油膜的连续性。并且石墨本身也可以作为润滑剂,当其脱落在摩擦面上时,可起润滑作用。因此,灰铸铁的耐磨性优于钢,适于制造导轨、衬套及活塞环等。

4. 灰铸铁的缺口敏感性

材料在受力时有缺口和无缺口试样的强度性能有显著差别,这种现象称为材料的缺口敏感性。

灰铸铁中由于有大量的石墨存在,给金属基体带来了大量的缺口,因此就减少了外来缺口(如铸铁上的孔洞、键槽及刀痕等)对力学性能影响的敏感性。所以灰铸铁对缺口不敏感,即当铸件上有缺口时,铸件的强度不会显著下降。

灰铸铁之所以应用广泛是因它易于铸造和切削加工,但焊接性差,不能压力加工。

(二) 影响铸铁组织性能的因素

灰铸铁组织上的差异可视为石墨化程度的不同。因此,要想控制铸铁的组织和性能,就必须控制铸铁的石墨化程度。影响铸铁石墨化程度的主要因素是化学成分和冷却速度。

1. 化学成分

碳是形成石墨的元素。含碳量越高,析出的石墨就越多、越粗大。

硅是强烈促进石墨化的元素。含硅量增加,石墨显著增多,因硅会减小碳在溶体中的溶解度,促进石墨的析出。硅可以提高共析转变的温度,有利于铁素体的获得,也就有利于石墨的析出。硅溶于铁中不但会削弱铁碳原子间的结合力,而且还会改变共晶点的成分与温度,随着铸铁中含硅量的提高,共晶转变温度也提高,而共晶点的含碳量却显著降低,这就有利于石墨的析出。实践证明,若铸铁中含硅量极少时,即使含碳量很高,也难以石墨化,只有在一定含硅量的前提下,提高含碳量,才能促进石墨化。

当冷却速度一定时,调整碳、硅含量可得到不同的铸铁组织。砂型铸造时,碳、硅含量与铸铁组织的关系如图5-4所示。

Ⅰ——白口铸铁区,其组织由莱氏体、二次渗碳体和珠光体组成,不含石墨。

Ⅱ$_a$——麻口铸铁区,其组织由莱氏体、二次渗碳体、珠光体和石墨组成,因其既有石墨又有渗碳体,断面呈灰白相间,所以叫麻口铸铁。其性能与白口铸铁相近。在铸造生产中基本不采用。

Ⅱ——珠光体灰铸铁区,其组织由珠光体和

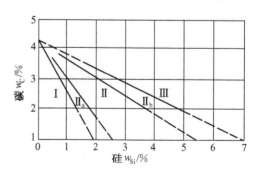

图 5-4　铸铁组织图
(铸件壁厚 50mm,砂型铸造)

石墨组成。

 Ⅱ_b——珠光体-铁素体灰铸铁区，其组织由珠光体、铁素体和石墨组成。

 Ⅲ——铁素体灰铸铁区，其组织由铁素体和石墨组成。

 由图 5-4 可见，冷却速度一定时，碳、硅含量改变铸铁组织性能随之改变。碳、硅含量高形成的铁素体灰铸铁；反之含量过低，则容易出现硬而脆难以加工的白口组织。通常灰铸铁的碳、硅含量为 $w_C = 2.7\% \sim 3.6\%$、$w_{Si} = 1.1\% \sim 2.5\%$。由于近共晶成分铸铁最容易获得，故以 $w_C = 3\% \sim 3.5\%$、$w_{Si} = 1.4\% \sim 2.4\%$ 最为多见。上述成分之所以接近共晶是因含有高硅的缘故。铸铁中 1% 的硅便可使共晶含碳量下降 0.3%。因此，可将硅的含量也折算成碳量，并将折算出来的总碳量称为碳当量 CE，$w_{CE} = C\% + 1/3Si\%$。一般把碳当量控制在 $w_{CE} = 4\%$ 左右，即接近于共晶成分。

 当硫的含量大于 0.05% 时，阻碍石墨化，这是由于硫吸附在石墨核心表面上，阻止石墨长大。含硫量高易形成白口组织，硫又会造成热裂倾向，硫还会降低流动性，增加凝固收缩率，普通铸铁中的硫应限制在 $w_S = 0.10\% \sim 0.15\%$ 以下。

 锰在铸铁中能提高金属基体的强度和硬度，锰能抵消硫的有害作用，故属有益元素。因锰与硫的亲合力大，在铁液中会发生如下反应：

$$Mn + S \Longrightarrow MnS$$

$$Mn + FeS \Longrightarrow MnS + Fe$$

 MnS 的熔点约为 1600℃，比铁液的温度高，而且密度较小，故可上浮进入熔渣而被排出炉外。铸铁中的含锰量一般为 $w_{Mn} = 0.5\% \sim 1.4\%$。

 磷对石墨化的影响不显著，但可提高铸铁的流动性。磷的含量高时，磷共晶以网状分布，增加了铸铁的冷脆性和冷裂倾向，一般应限制在 0.5% 以下。

 2. 冷却速度

 铸件冷却速度对石墨化的影响也很大，冷却越慢，越有利于扩散，对石墨化便越有利。反之，快速冷却则会阻止石墨化。

 在铸造时，铸件的壁厚不同，冷却速度也不同，因此会得到不同的组织。图 5-5 为在一般砂型铸造条件下，铸件的壁厚和铸铁中的碳和硅的含量对其石墨化程度的影响。在生产中，对于不同壁厚的铸件，常需利用这一关系去调整铸铁中的碳和硅的含量，以保证得到所需要的灰铸铁组织。应注意的是，一般把碳当量控制在 4% 左右即接近于共晶成分，此时铸铁的流动性最好。若碳当量大于 4.6%，则易产生石墨漂浮现象，造成严重的偏析，形成粗大的初生石墨片。

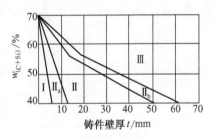

图 5-5 铸件壁厚(冷速)和化学
成分对铸铁组织的影响

 铸铁用冲天炉熔化，所用金属材料有铸造生铁、回炉铁、废钢及铁合金等。由于铁料与炽热的焦炭直接接触，铸铁中的含碳量难以大幅度改变，通常为 $w_C = 3\% \sim 3.4\%$。因此，控制铸铁组织最有效的措施是改变含硅量。由于熔化过程中各元素的烧损，进行冲天炉配料计算时，必须考虑各元素的变化，使铁液符合化学成分的要求。

（三）灰铸铁的孕育处理

普通灰铸铁的主要缺点是因片状石墨的存在使它的力学性能较低。所以要提高灰铸铁力学性能的关键，首先应从改变其石墨片的含量和尺寸考虑，将含碳量降低，同时适当降低含硅量，以减轻石墨化程度，得到以珠光体为基体的组织。但由此带来的问题是会加大铸铁形成白口的倾向，为此可在铸铁浇注之前将 $w_{Si}=75\%$ 的硅铁（粒度为 $3\sim10mm$）加入到出铁槽中，加入量为铁液重量的 $0.25\%\sim0.60\%$（质量分数），厚件取下限，由出炉的高温铁液冲入浇包中，经搅拌扒渣后即可浇注。

出炉铁液经上述孕育处理后可获得的石墨片极为细小，且为均匀分布的珠光体灰铸铁，这种铸铁又称"孕育铸铁"。孕育铸铁的力学性能较普通灰铸铁的力学性能有显著提高。孕育铸铁的另一可贵之处是冷却速度对组织性能的影响很小，这就使铸件厚大截面上组织性能均匀。所以在对厚大件进行浇注时，一般要经孕育处理。

（四）灰铸铁的牌号及应用

由于灰铸铁的组织性能主要取决于石墨化程度，而石墨化程度又随化学成分和冷却速度这两个因素变化，所以它的牌号不用化学成分表示，而是用力学性能来表示。依照 GB 9439—88《铸铁牌号表示方法》，灰铸铁的牌号以"HT"起首，其后以三位数字来表示，其中"HT"表示"灰铸铁"，数值为其最低抗拉强度值。例如，HT200，表示以 $\phi30mm$ 单个铸出试棒测出的抗拉强度值大于 $200MPa$，但小于 $300MPa$。依照 GB 5675—85《灰口铸铁分级》，灰铸铁共分为HT100、HT150、HT200、HT250、HT300 和 HT350 六个牌号。

表 5-3 列出了各牌号灰铸铁件力学性能参考值和用途举例。由表 5-3 可见，选择铸铁牌号时必须考虑铸件的壁厚。例如，某铸件壁厚 $30\sim50mm$，要求抗拉强度为 $150MPa$，此时，应选择 HT200 而不是 HT150。此外，若铸件过厚、过薄，或超出表中所列数值时，则应适当提高或降低牌号。

表 5-3　各牌号灰铸铁力学性能参考值和用途举例

类别	牌号	铸件壁厚 δ/mm	抗拉强度 σ_b/MPa	硬度/HBS	用　途　举　例
普通灰铸铁	HT100	$2.5\sim10$	130	$110\sim167$	负荷很小的不重要件或薄件，如重锤、防护罩及盖板等
		$10\sim20$	100	$93\sim140$	
		$20\sim30$	90	$87\sim131$	
		$30\sim50$	80	$82\sim122$	
	HT150	$2.5\sim10$	175	$136\sim205$	承受中等负荷件，如机座、支架、箱体、带轮、轴承座、法兰、泵体、阀体及缝纫机零件等
		$10\sim20$	145	$119\sim179$	
		$20\sim30$	130	$110\sim167$	
		$30\sim50$	120	$105\sim157$	
	HT200	$2.5\sim10$	220	$157\sim236$	承受中等负荷的重要件，如气缸、齿轮、齿条、机床床身、飞轮、底架、衬套和中等压力阀阀体等
		$10\sim20$	195	$148\sim222$	
		$20\sim30$	170	$134\sim200$	
		$30\sim50$	160	$129\sim192$	

类别	牌号	铸件壁厚 δ/mm	抗拉强度 σ_b/MPa	硬度/HBS	用 途 举 例
孕育铸铁	HT250	4~10	270	174~262	机体、阀体、液压缸、齿轮箱、床身、凸轮及衬套等
		10~20	240	164~247	
		20~30	220	157~236	
		30~50	200	150~225	
	HT300	10~20	290	182~272	齿轮、凸轮、剪床、压力机床身、重型机床床身及液压件等
		20~30	250	168~251	
		30~50	230	161~241	
	HT350	10~20	340	199~298	—
		20~30	290	182~272	
		30~50	260	171~257	

注：1. 铸件壁厚是指铸件工作时主要负荷处的平均厚度；

2. 按照 GB 5675—85，铸铁的强度与硬度有如下关系：

当 $\sigma_b > 196\text{MPa}$ 时，$HBS = RH(100 + 0.438\sigma_b)$

当 $\sigma_b < 196\text{MPa}$ 时，$HBS = RH(44 + 0.724\sigma_b)$

式中的 RH 为相对硬度值（0.8~1.2），由原材料、熔化工艺及铸件冷却速度等因素实测得出。

（五）灰铸铁的铸造工艺特点

灰铸铁具有良好的铸造性能是它获得广泛应用的主要原因之一。

1. 流动性

对于普通灰铸铁，因它偏离共晶成分不远，结晶温度范围较小，初生奥氏体枝晶不发达，所以在正常浇注条件下，在铁碳合金中它的流动性是最好的。对于过共晶成分的铸铁，由于有初生石墨析出，因而流动性差。如果要提高流动性，可使铸铁向共晶点成分靠拢。

当锰和硫形成硫化锰时，因其熔点高，以固态形式留在铁液中，增加了铁液的内摩擦，降低铁液的流动性。如果形成硫化铁，则对流动性影响不大。

磷能有效提高铸铁的流动性。有资料指出，当其他条件相同时，含磷量从 $w_P = 0.2\%$ 增加到 $w_P = 0.52\%$，螺旋形试样的长度可由 500mm 增加至 700mm。

影响灰铸铁流动性的另一重要因素是铁液的浇注温度。当其他条件不变时，浇注温度每提高 10℃，断面为 50mm^2 的螺旋形试样长度可增加 4cm。因此，在生产上常选择不同的浇注温度以适应各种壁厚及形状铸件的需要。

2. 收缩

灰铸铁的液态收缩一方面取决于浇注温度的高低，另一方面还受含碳量的影响。一定成分铁液的浇注温度越高、含碳量越高，液态收缩量越大。

凝固收缩期间除收缩外，还会由于析出石墨而发生膨胀。随着铸铁含碳量的增加以及石墨析出量的提高，凝固收缩减小。当石墨析出量达到一定程度时，凝固期间非但不收缩，而且还有膨胀的可能。

对于一般的灰铸铁件,由于其总的体收缩值不大,故常不设置冒口就可得到健全的铸铁。对于碳、硅含量较低的高强度灰铸铁则由于有一定程度的收缩量,在某些情况下必须设置适当的冒口来补偿液态及凝固收缩。

伴随收缩而产生的现象主要有热裂、内应力以及变形和冷裂。

铸件的热裂是由于在凝固后期收缩受到来自铸型、型芯的机械阻碍造成的。所以凡是能提高灰铸铁石墨化能力的因素都有利于防止热裂的产生。

铸铁的石墨化能力越强,石墨越多,线收缩值越小,铸造应力也就比较小。因此普通灰铸铁是铁碳合金中铸造应力较小的一种。铸造应力减小,产生冷裂的可能性也就减小。

灰铸铁热处理只能改变基体组织,而不能改变石墨片的存在情况,故利用热处理来提高灰铸铁的力学性能效果并不大。通常仅用退火消除内应力,改善切削加工性。

四、球墨铸铁及其铸造工艺特点

(一) 球墨铸铁的生产

首先用冲天炉熔化铁液,制造球墨铸铁所用的铁液与灰铸铁原则上相同,铁液中要求高含碳量,一般为 $w_C = 3.4\% \sim 3.9\%$,含硅量一般为 $w_{Si} = 1.6\% \sim 2.5\%$,硫、磷含量越低越好。磷使球墨铸铁的塑性、韧性和强度急剧降低,且易冷裂。因此,含磷量 $w_P < 0.1\%$。硫易与球化剂化合成硫化物,使球化剂损耗加大,所以含硫量应限制在 $w_S < 0.07\%$。

将球化剂放到浇包内,加入量为铁液重量的 $1\% \sim 1.6\%$(质量分数),为防止球化剂上浮还应覆盖一些硅铁粉和稻草灰。一般所用的球化剂为稀土镁合金(其中镁、稀土<10%,其余为硅和铁),球化剂的作用是使石墨结晶时以球状析出。为了防止产生白口,提高铁液的石墨化能力,细化球状石墨,还要加入是铁液重量 $0.4\% \sim 1.0\%$ 的硅铁粉作为孕育剂。

把出炉的铁液冲入浇包,开始先冲入浇包容量的 $1/2 \sim 1/3$,使球化剂与铁液反应,然后冲入其余铁液,经搅拌扒渣后即可浇注,凝固结晶后,石墨成球状。

(二) 球墨铸铁的牌号和性能

球墨铸铁随着化学成分、冷却速度和热处理方法的不同,可得到不同的显微组织。按基体组织的不同,主要分为铁素体球墨铸铁和球光体球墨铸铁两类,见图5-6。其中铁素体球墨铸铁塑性、韧性好,珠光体球墨铸铁强度、硬度高。表5-4所列为球墨铸铁的牌号、力学性能和用途举例。表中"QT"为"球铁"二字汉语拼音的字首,第一组数字代表抗拉强度的最低值,第二组数字代表伸长率最低值。

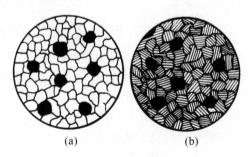

图 5-6 球墨铸铁
(a) 铁素体基体;(b) 球光体基体。

表 5-4 球墨铸铁的牌号、力学性能和用途举例(GB 1348—88)

牌　号	σ_b/MPa	$\sigma_{0.2}$/MPa	δ/%	HBS	基　体	用　途　举　例
QT400—18	400	250	18	130～180	F	汽车、拖拉机底盘零件
QT450—10	450	310	10	160～210	F	阀体、阀盖
QT500—7	500	320	7	170～230	F+P	机油泵齿轮
QT600—3	600	370	3	190～270	F+P	柴油机和汽油机曲轴

牌　号	σ_b/MPa	$\sigma_{0.2}$/MPa	δ/%	HBS	基　体	用　途　举　例
QT700—2	700	420	2	225~305	P	缸体、缸套
QT800—2	800	480	2	245~335	P	缸体、缸套
QT900—2	900	600	2	280~360	$B_下$	汽车、拖拉机传动齿轮

由图5-6和表5-4可见,球墨铸铁由于石墨成球状,对金属基体的割裂作用大大减小,因而能充分发挥基体的作用。与灰铸铁、铸钢相比,有如下优良性能:

(1)力学性能。球墨铸铁的力学性能较灰铸铁有大大提高,其抗拉强度σ_b与铸钢大致相近,屈服强度$\sigma_{0.2}$甚至有时会超过45钢,伸长率$\delta=1.5\%\sim10\%$,经热处理后还可提高,但冲击韧度比钢低。

(2)耐磨性、减振性和缺口敏感性。因球墨铸铁中存在石墨,只不过其石墨的形态为球形,故耐磨性、减振性和缺口敏感性与灰铸铁相似,这些都是钢所不及的。

(3)工艺性能。球墨铸铁在一般铸造车间均可生产,铸造工艺比铸钢简单,比钢成本低,但铸造性能比灰铸铁差。球墨铸铁焊接性比钢差,但优于灰铸铁,切削加工性好。

由于球墨铸铁的力学性能大大提高,球墨铸铁的生产为"以铁代钢"开辟了广阔的前景。

（三）球墨铸铁的热处理

铸态下的球墨铸铁一般是在珠光体-铁素体混合基体上分布着球状石墨,有时还存在白口组织。为了获得铁素体基体,提高球墨铸铁的塑性和韧性,常用的热处理是退火,即把工件加热、保温后,随炉缓慢冷却。为了得到珠光体基体,常用正火处理,即将工件加热、保温后,在空气中冷却。表5-5列出的是球墨铸铁经不同热处理后的力学性能。

表5-5　球墨铸铁经不同热处理后的力学性能

类　别	热处理	σ_b/MPa	δ/%	α_k/(J·cm^{-2})	HBS	用　途
铁素体球墨铸铁	退火	400~500	15~25	48~96	121~179	可代碳素钢35、40
珠光体球墨铸铁	正火	700~950	2~5	16~24	229~302	可代碳素钢45
	调质	900~1200	1~5	4~24	32HRC~43HRC	可代合金钢,如35CrMo
	等温淬火	1200~1500	1~2	16~48	38HRC~50HRC	可代合金钢,如20CrMnTi

（四）球墨铸铁的铸造工艺特点

1. 流动性

铁液经过球化处理后,由于脱硫并除去一部分非金属夹杂物,使铁液净化后对提高流动性有利。因此假设化学成分和浇注温度相同,球墨铸铁的流动性应该较灰铸铁的好。但是由于经过球化处理、孕育处理等环节后,铁液温度降低很多,浇注温度往往偏低。因此,在实际生产中往往会感到球墨铸铁的流动性比灰铸铁差。因而应适当提高球墨铸铁的浇注温度,加快浇注速度,增大浇道尺寸,防止浇不足和冷隔。

2. 收缩

球墨铸铁较灰铸铁容易产生缩孔、缩松、皮下气孔及夹渣等缺陷,因而在工艺上要求较为严格。

球墨铸铁的收缩不但与其本身的化学成分、凝固特点有关,而且还与铸型特点有关。在凝固方式的选择上,一般小件多用同时凝固,中大件用定向凝固加冒口补缩。

五、可锻铸铁简介

可锻铸铁又称玛钢。它是用碳、硅含量较低的铁液浇注成白口铸铁件,再经过长时间的高温退火,使渗碳体分解出石墨。由于石墨呈团状,对基体的割裂作用大大减轻,强度和韧性提高。可锻铸铁随退火方法的不同分为铁素体可锻铸铁和珠光体可锻铸铁两种,见图5-7。前者塑性、韧性好,后者强度、硬度高。

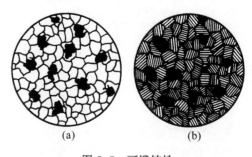

图5-7 可锻铸铁
(a) 铁素体可锻铸铁;(b) 珠光体可锻铸铁。

可锻铸铁的性能优于灰铸铁,而接近于同样基体的球墨铸铁。与球墨铸铁相比,质量更稳定,铁液处理方便,但退火时间长。某些可锻铸铁已被球墨铸铁代替,但仍然还有自己独特的应用领域。

由于铁素体可锻铸铁有一定的强度和较高的塑性和韧性,常用来制造需承受冲击、振动及扭转负荷的零件(如各种低压阀门、农机零件或农具)。珠光体可锻铸铁常用于制造耐磨件(如曲轴、连杆等)。不过目前大多数耐磨件已用球墨铸铁制造,效果更好。

"可锻铸铁"只表示有较好的塑性和韧性,其实并不能锻造。铁素体可锻铸铁的牌号用"KTH"代表,后面两组数字分别表示其最低抗拉强度和伸长率。珠光体可锻铸铁的牌号以"KTZ"表示,后面的数字含义同前。珠光体可锻铸铁可通过淬火等热处理来强化。铁素体可锻铸铁我国极少采用。表5-6为常用可锻铸铁的牌号、力学性能和用途举例。

表5-6 常用可锻铸铁的牌号、力学性能和用途举例(GB 9440—88)

类别	牌 号	抗拉强度 σ_b/MPa	伸长率 δ/%	硬度 /HBS	用 途 举 例
铁素体可锻铸铁	KTH300—06	300	6	≤150	水暖管件(如三通、弯头、阀门),机床扳手,汽车、拖拉机的转向机构、后桥壳,农机件及线路金属用具等
	KTH330—08	330	8		
	KTH350—10	350	10		
	KTH370—12	370	12		
珠光体可锻铸铁	KTZ450—06	450	6	150~200	曲轴、凸轮轴、连杆、齿轮、万向接头、棘轮、扳手及线路金属用具等
	KTZ550—04	550	4	180~230	
	KTZ650—02	650	2	210~260	
	KTZ700—02	700	2	240~290	

注:试样直径为12mm。

六、蠕墨铸铁简介

蠕墨铸铁是近些年发展起来的一种新型铸铁,其石墨呈短片状,片端钝而圆,类似蠕虫。显然,这种石墨是介于片状和球状石墨之间的一种过渡形式。

蠕墨铸铁的力学性能介于基体相同的灰铸铁和球墨铸铁之间,如抗拉强度优于灰铸铁,且有一定的塑性和韧性($\sigma_b = 360 \sim 440\text{MPa}, \delta = 1.5\% \sim 4.5\%$),但因石墨是相互连接的,故强度、韧性都不如球墨铸铁。蠕墨铸铁断面敏感性较普通灰铸铁小,故厚大截面上的力学性能较为均匀。

蠕墨铸铁的突出优点是导热性优于球墨铸铁,而抗生长和抗氧化性较其他铸铁均高。此外,蠕墨铸铁的耐磨性优于孕育铸铁及高磷耐磨铸铁,因此蠕墨铸铁适于制造工作温度较高的零件以及形状复杂的大铸件等。总之,蠕墨铸铁综合性能优良,具有广阔发展前景。

第三节 铜、铝合金铸件生产

一、铜合金的铸造

铜合金熔化时,为了减少铜及合金元素的损耗,保持金属料的纯净,通常都不与燃料直接接触,而是用坩埚来熔化。熔化铜用石墨坩埚,其热源可用焦炭,也可用电加热。图 5-8 为以焦炭为热源的坩埚炉。

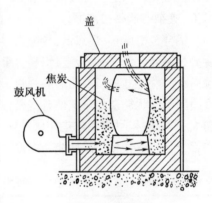

铸造用的铜合金有铸造黄铜和铸造青铜。黄铜是铜和锌的合金。铜与锌以外的元素组成的铜合金,统称为青铜。常用的铸造黄铜有相当高的力学性能,如 $\sigma_b = 250 \sim 450$MPa,$\delta = 7\% \sim 30\%$,硬度为 60 ~ 120HBS,而价格却较青铜低。铸造黄铜常用于一般用途的轴承、衬套及齿轮等耐磨件和阀门的耐蚀体。

熔化青铜时,为防止氧化,常加入硼砂等覆盖铜液,同时加入磷铜合金脱氧。由于黄铜中的锌本身就是良好的脱氧剂,所以熔化黄铜时,不需另加熔剂和脱氧剂。

在青铜中,铜和锡的合金是最普通的青铜,称为锡青铜。锡青铜的力学性能虽较黄铜差,且因结晶温度范围

图 5-8 坩埚炉

宽,容易产生显微缩松缺陷,但线收缩率较低,不易产生缩孔,其耐磨、耐蚀性优于黄铜,故适用于对致密性要求不高的耐磨、耐蚀件。除锡青铜外,还有铝青铜、铅青铜等,其中,铝青铜有着优良的力学性能和耐磨、耐蚀性,但铸造性较差,故仅用于有重要用途的耐磨、耐蚀件。铜合金熔点为 1000 ~ 1060℃,对型砂耐火度要求不高,一般用细砂。表 5-7 为铸造铜合金的牌号、成分、性能和用途举例。

表 5-7 铸造铜合金的牌号、成分、性能和用途举例(GB 1176—87)

品种	牌　号	化学成分/%(质量分数)	力学性能 *			用　途　举　例
			σ_b/MPa	δ_5/%	HBS	
铸造黄铜	ZCuZn16Si4	Cu 79 ~ 81;Si 2.5 ~ 4.5;其余为 Zn	345	15	885	轴承、衬套
	ZCuZn31Al2	Cu 66 ~ 68;Al 2.0 ~ 3.0;其余为 Zn	295	12	785	耐腐蚀零件
铸造青铜	ZCuSn10P1	Sn 9.0 ~ 11.5;P 0.5 ~ 1.0;其余为 Cu	220	3	785	重要轴承、齿轮、衬套
	ZCuSn5Pb5Zn5	Sn、Zn、Pb 均为 4.0 ~ 6.0;其余为 Cu	200	13	590	轴承、衬套
	ZCuAl10Fe3	Al 8.5 ~ 11.0;Fe 2.0 ~ 4.0;其余为 Cu	490	13	980	重要的耐磨、耐蚀件,如齿轮、衬套

* 表中力学性能为砂型铸造条件下的参考值。

二、铝合金的铸造

铝合金的熔点在 550~630℃之间，浇注温度为 650~750℃，用上涂料的铸铁坩埚或石墨坩埚熔化。铝合金在熔化时，吸气和氧化严重，其氧化物 Al_2O_3 的熔点高达 2050℃，密度稍大于铝，所以熔化搅拌时容易进入铝液，呈非金属夹渣。铝液吸收氢气使铸件产生针孔缺陷。

为了减缓铝液的氧化和吸气，可在铝液上覆盖 KCl、NaCl 等溶剂，以便将铝液与炉气隔开。为驱除铝液中已吸入的氢气，防止针孔的产生，在铝液出炉之前应进行除气精炼。较为简便的方法是用钟罩向铝液中压入氯化锌（$ZnCl_2$）、六氯乙烷（C_2Cl_6）等氯盐或氯化物。上述氯化物可与铝液中的 Al 反应生成 $AlCl_3$，沸点仅 183℃，故形成气泡；而氢在 $AlCl_3$ 气泡中的分压等于零，所以铝液中的氢向气泡中扩散，被上浮的气泡带出液面。与此同时，上浮的气泡还将 Al_2O_3 夹杂一起带出液面。

铝合金密度小，熔点低，导电性、导热性和耐蚀性优良，因此也常用来制造铸件。铸造铝合金分为铝硅合金、铝铜合金、铝镁合金及铝锌合金四类。铝硅合金流动性好，线收缩率低，热裂倾向小，气密性好，又有足够的强度，所以应用最广，约占铸造铝合金总量50%以上。铝硅合金适用于形状复杂的薄壁件或气密性要求较高的零件。铝铜合金的铸造性能较差，如热裂倾向大、气密性和耐蚀性较差，但耐热性较好，主要用于制造活塞、气缸头等。表5-8为几种铸造铝合金的牌号、成分、性能和用途举例。

表5-8 几种铸造铝合金的牌号、成分、性能和用途举例

代号	化学成分/%（质量分数）			力学性能			用 途 举 例
	Si	Cu	Mg	σ_b/MPa	δ/%	HBS	
ZL101	6.5~7.5	—	0.25~0.45	160	2	50	中载荷薄壁复杂件，如汽化器、泵壳、仪表外壳、汽车传动箱
ZL102	10~13	—		150	4	50	低载荷薄壁复杂件及要求耐蚀、气密性高的零件，如活塞
ZL202	—	9.0~11.0	—	110	—	50	较高温度下工作的零件（如铝活塞、气缸头）、金属模型

注：代号中"ZL"为"铸铝"汉语拼音的字首。首位数字表示合金的类别，即 1 表示铝硅合金，2 表示铝铜合金，3 表示铝镁合金，4 表示铝锌合金；后两位数字为合金的顺序号。

值得注意的是，熔炼铝合金时，常常自行配料，即根据合金的化学成分计算所用的金属料重量。一般用纯铝或中间合金来熔炼铝合金。

中间合金是为了加入某种高熔点的元素而特别配制的合金半成品。例如，在铝中要加入 Cu，把熔点1083℃的纯铜溶解在铝中，铝必须过度加热，这就增加了铝在熔炼时的损耗。为此采用50%Cu和50%Al的中间合金，其熔点为575℃，将中间合金加入铝中，不致使铝因过热而损失，铜随中间合金而被加入。

另外，为了防止铝合金在浇注过程中氧化吸气，应采用开放式浇注系统以便平稳地注入。由于铝合金密度小，导热快，铝液表面张力大，收缩大和化学性活泼，其浇注系统设计时必须采用冒口补缩并尽量缩短充填时间。

复习思考题

1. 铸钢的铸造性能怎样？铸造工艺的主要特点是什么？

2. 铸铁有哪几种？它们的基本区别是什么？

3. 铸铁石墨化过程可分为几个阶段？影响石墨化的主要因素是什么？

4. 化学成分和铸件壁厚对铸铁石墨化及其力学性能是如何影响的？

5. 何谓孕育处理？孕育铸铁和普通灰铸铁在组织、性能和制造方法上有何差别？

6. 为什么球墨铸铁的强度和塑性比灰铸铁高,而铸造性能比灰铸铁差？

7. 铸钢和球墨铸铁相比,力学性能和铸造性能有哪些不同？为什么？

8. 常用铸造铝合金有哪些？为什么铝合金容易产生"针孔"缺陷？该如何防止？

9. 制造铸铁件、铸造件和铸铝件所用的熔炉有何不同？所用的型砂又有何不同？为什么？

第二篇　锻压

锻压是对金属坯料施加外力,使之产生塑性变形,以改变其形状、尺寸,并改善其内部组织和性能,从而获得所需毛坯或零件的加工方法。锻压属于金属塑性加工(或称金属压力加工)的范畴,是锻造和冲压的总称。锻造通常都将金属坯料加热至高温在塑性状态下进行,按照所用设备和变形方式不同,分为自由锻和模锻两大类。冲压加工的对象主要是金属薄板,一般在常温下进行,又称为板料冲压或冷冲压,较厚的板料也可在加热后进行冲压。

坯料在锻造过程中经过塑性变形和再结晶,其晶粒得到细化,组织更加致密,因而锻件的力学性能明显好于相同化学成分的铸件。冲压件具有重量轻、精度高、刚性好等优点。因此,锻压加工在机械制造中占有重要的地位。各类机械中受力复杂的重要零件,如传动轴、机床主轴、曲轴、齿轮等,大都采用锻件为毛坯。对于飞机,锻压件制成的零件约占各类零件的 85%,而汽车、拖拉机、机车中锻件占 60%~80%,各类仪器、仪表、电器以及生活用品中的金属制件绝大多数都是冲压件。但是,由于在锻造过程中金属的变形受到较大的限制,因此一般说来,锻件形状所能达到的复杂程度不如铸件,锻件的材料利用率也比铸件低。冲压件则由于其模具的制造成本很高,一般只适用于大批量生产。

锻压生产和锻压技术的发展与汽车工业的发展有着密切的关系。20 世纪中叶以来,随着汽车工业的迅猛发展,锻压生产的规模迅速扩大,技术装备和工艺水平迅速提高。目前,在工业发达国家,模锻件的产量早已超过了自由锻件。在模锻生产中,高质量、高生产率的各类压力机模锻的比例也已占到 60%~80%。同时,各种精密锻造及少、无切削锻造工艺也得到了广泛应用。而电子技术在锻压生产中的应用,又促进了锻压生产机械化和自动化的发展,使锻压件的生产率大幅度提高,生产成本不断下降。

第六章 金属的塑性变形

锻压时,金属坯料在外力作用下按一定要求产生塑性变形,最终达到所要求的形状和尺寸。同时,通过塑性变形还可改变材料内部的组织,从而改善锻压件的力学性能。因此,了解金属塑性变形的机理,对于从本质上认识各种锻压方法的原理、工艺及保证锻压件质量的措施都有重要的意义。

第一节 金属塑性变形的实质

具有一定塑性的金属材料受外力作用而变形,变形随着金属内部应力的增加而由弹性变形进入弹性-塑性变形。在弹性变形阶段,金属的应变与应力存在线性关系,变形过程也是可逆的,应力消除变形亦消失。但是,进入弹性-塑性变形后,即使应力消除,变形也不能完全消失,只能消失弹性变形部分,而另一部分变形被保留下来,这部分变形就是塑性变形。

金属的变形实际上就是组成金属的晶粒的变形。晶粒的变形包括晶粒内部的变形(晶内变形)和晶粒之间的变形(晶间变形)。

一、单晶体的塑性变形

分析单晶体的塑性变形,实际上就是分析晶内变形。在金属学中,将整个体积内原子排列方式和排列方向不变的晶体称为单晶体。根据晶体结构理论,任何一块单晶体都包含若干不同方位的晶面。当一块单晶体受外力 F 作用时(图 6-1),某一晶面 M-N 上所产生的应力 f 可分解为垂直于该晶面的正应力 σ 和平行于该晶面的切应力 τ。

正应力作用下的变形如图 6-2 所示。在正应力作用下,晶格沿正应力方向被拉长。拉长变形的程度与正应力的大小成正比。如果正应力消除,晶格即恢复原状。如果正应力超过一定限度,晶格则被拉断。由此可见,正应力只能造成晶体的弹性变形或断裂,而不能引起晶体的塑性变形。

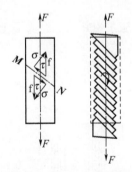

图 6-1 单晶体拉伸示意图

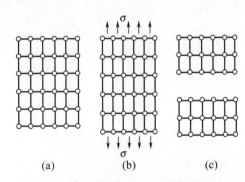

图 6-2 单晶体在正应力作用下的变形

(a) 变形前;(b) 弹性变形;(c) 断裂。

图 6-3 所示为沿晶面方向的切应力造成单晶体变形的情形。在切应力 τ 的作用下,晶体产生剪切变形,即发生晶格歪扭。切应力较小时只发生弹性变形;当某个晶面上的切应力增大

到一定程度(临界切应力)时,该晶面两侧的原子将发生相对滑移。发生滑移的晶面称为滑移面。滑移面上的原子移动距离为原子间距的整数倍后,在新的位置上重新处于比较稳定的状态。此后,如果切应力消失,晶格的歪扭(弹性变形)可以恢复,但已滑移的原子不能回到变形前的位置上去,即产生了塑性变形。

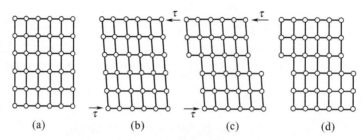

图 6-3　单晶体在切应力作用下的变形
(a) 变形前;(b) 弹性变形;(c) 滑移;(d) 塑性变形后。

进一步的研究证明,晶体的滑移并不是滑移面上所有原子一起移动的刚性滑移,而是通过晶体内大量存在的位错缺陷沿晶面的移动来实现的,如图 6-4 所示。

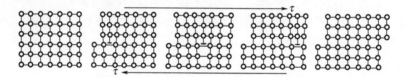

图 6-4　晶体的滑移-位错的移动

在切应力作用下,晶体还可发生双晶变形,又称孪晶变形。双晶变形是晶体的一部分沿一定晶面和晶向产生一定角度的切变,如图 6-5 所示。双晶变形的特点是以双晶面为对称面,已变形部分的原子与未变形部分的原子形呈对称分布。产生双晶变形所需要的切应力一般都高于产生滑移变形所需要的切应力。

双晶变形由于改变了部分晶格的位向,增加了滑移系(一个滑移面和一个滑移方向的组合称为一个滑移系),因而有利于进一步产生滑移变形。

还需指出的是,晶体的滑移不是只发生在一个晶面上,而是在相邻的一组晶面上同时或先后发生,从而形成明显的滑移带,如图 6-6 所示。

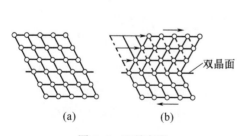

图 6-5　双晶变形
(a) 变形前;(b) 变形后。

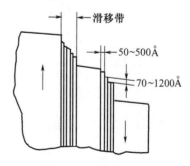

图 6-6　滑移带的形成

二、多晶体的塑性变形

生产中实际锻造的金属材料都是由大量晶粒组成的多晶体。在多晶体中，不仅各晶粒的形状、尺寸及原子排列的位向不同，而且相邻晶粒的晶格结构也可能不同。因此，多晶体的塑性变形要比单晶体复杂得多。

多晶体的塑性变形如图 6-7 所示，包括晶内变形和晶间变形。晶内变形的方式与前述单晶体的变形相同。但是，在相邻晶粒的晶界附近，晶格排列往往不规则，晶界上还有晶体或非晶体的杂质存在，因而变形阻力大大增加，使晶内变形难以向相邻的晶粒继续扩展。另外，多晶体的变形还有各晶粒变形的先后次序问题。变形首先从具有与外力呈 45°夹角的晶面（切应力最大）开始，依次向其他角度的晶面发展。各晶粒在滑移变形的同时也发生一定的转动。另外，晶内变形必然引起晶粒形状的改变，从而引起晶间变形。晶间变形包括晶界的错动和转动。

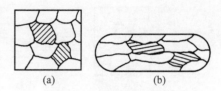

图 6-7　多晶体的塑性变形
(a) 变形前；(b) 变形后。

还应指出，金属晶粒的大小对塑性变形的过程和金属的性质都有很大影响。晶粒越细则晶界面积相对越大，变形抗力越大，从而表现为金属的强度和硬度越高；晶粒越细则变形在整个晶体内的分布越趋于均匀，变形引起的内应力越小，则金属整体可以承受更大的变形而不破裂，因而金属的塑性也越好。

第二节　塑性变形对金属组织与性能的影响

一、冷变形强化

金属在冷变形时，随着变形程度的增加，强度和硬度提高而塑性和韧性下降，这种现象称为冷变形强化，又称加工硬化或冷作硬化。图 6-8 所示为低碳钢的力学性能随冷变形程度的增加而变化的情形。

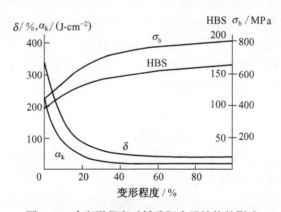

图 6-8　冷变形程度对低碳钢力学性能的影响

产生冷变形强化的原因是，在塑性变形过程中滑移面附近的晶格发生畸变，甚至产生晶粒破碎现象（图 6-9(a)、(b)），从而大大增加了继续滑移的阻力，使继续变形越来越困难，如要继续变形，则要施加更大的变形力，这样又易导致金属的断裂。这就表现为随着塑性变形程度的增加,金属的强度和硬度越来越高,而塑性和韧性越来越低。冷变形强化现象对金属的冷变形加工造成不利影响。但另一方面,它也是强化金属材料的手段之一,尤其是一些不能通过热处理方法强化的金属,如纯金属、奥氏体不锈钢、形变铝合金等,可以通过冷轧、冷挤压、冷拔和冷冲压等方法,在变形的同时提高其强度和硬度。

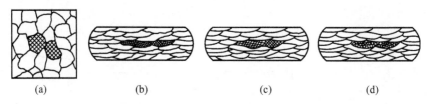

(a)　　　　　(b)　　　　　(c)　　　　　(d)

图6-9　塑性变形、回复和再结晶示意图

(a) 变形前; (b) 变形后; (c) 回复; (d) 再结晶。

二、回复和再结晶

塑性变形使畸变的晶格处于高势能的不稳定状态,金属原子有恢复到晶格畸变前稳定状态的自发趋势。但是,在常温下绝大多数金属的原子扩散能力都很低,这种不稳定状态能够长期维持而不发生明显的变化。

如果将变形后的金属加热,增强其原子扩散能力,原子就能比较容易地恢复到规则化的排列,从而使晶格畸变大大减轻(图6-9(c)),使冷变形强化现象得到一定的缓解,同时,冷变形引起的内应力也大大下降,这一过程称为回复。使晶格畸变基本消除的最低温度称为回复温度。对于纯金属有

$$T_{回} \approx 0.3 T_{熔}$$

式中　$T_{回}$——变形金属回复的绝对温度(热力学温度)(K);

　　　$T_{熔}$——金属熔点的绝对温度(热力学温度)(K)。

在生产中,常采用回复处理(又称低温退火)使已冷变形强化的金属在维持较高强度的同时,适当改善其塑性和韧性,并基本消除内应力。例如,将冷拔钢丝卷成弹簧后,采用250~300℃的低温退火,可保持其高弹性;将精密机器零件低温退火,可保持其尺寸稳定性。

如将变形金属加热到更高温度,使原子具有更强的扩散能力,就能以滑移面上的碎晶块或其他质点为晶核,成长出与变形前晶格结构相同的新的等轴晶粒,这个过程称为再结晶(图2-9(d))。再结晶可以完全消除塑性变形所引起的硬化现象,并使晶粒得到细化,力学性能甚至比塑性变形前更好。对于纯金属有

$$T_{再} \approx 0.4 T_{熔}$$

式中　$T_{再}$——金属再结晶的绝对温度(热力学温度)(K)。

在生产中,常在多个冷变形工序之间安排中间退火,以消除冷变形强化现象,使变形易于继续进行,这种中间退火即为再结晶退火。

在实际生产中,金属在进行热轧或其他热变形加工时,由于变形是在远远超过其再结晶温度的状态下进行的,金属在塑性变形的同时随即发生了再结晶(图6-10)。因此,在此过程中金属始终保持良好的塑性。

根据变形温度和变形后的组织的不同,通常把在再结晶温度以下进行的变形称为冷变形,在再结晶温度以上进行的变形称为热变形。冷变形的金属表现出加工硬化现象,热变形金属

的加工硬化现象随即被再结晶所消除。

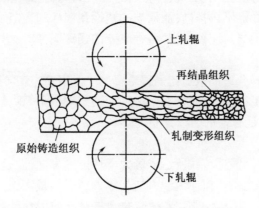

图 6-10 金属在热轧过程中的组织变化

三、纤维组织和锻造流线

塑性变形时,金属的晶粒沿变形方向被拉长或压扁。如果变形量很大,则晶粒沿变形方向被拉长或压扁成纤维状,这种晶粒组织称为纤维组织。与此同时,变形后晶间杂质也沿变形方向排列。这种按照一定方向分布的晶界杂质称为锻造流线。如果晶界杂质是塑性的,流线呈带状分布;如果杂质是脆性的,流线呈链状分布。

变形金属经再结晶后,细长或扁平的纤维组织晶粒被再结晶的细小等轴晶粒所取代,但锻造流线却不能通过再结晶或其他热处理而消除或改变。只有经过继续的塑性变形才能改变锻造流线的分布状态。

显然,纤维组织和锻造流线的明显程度与金属的变形程度有关。在锻造生产中,金属的变形程度以锻造比表示。拔长和镦粗的锻造比可用下式计算:

$$Y_{拔长} = A_0/A_1 = L_1/L_0$$

$$Y_{镦粗} = A_1/A_0 = H_0/H_1$$

式中 $Y_{拔长}$、$Y_{镦粗}$——拔长、镦粗的锻造比;

A_0、L_0、H_0——变形前坯料的截面面积、长度和高度;

A_1、L_1、H_1——变形后坯料的截面面积、长度和高度。

纤维组织和锻造流线使金属的力学性能表现为各向异性,即不同方向上的力学性能有所不同。图 6-11 所示为中碳钢钢锭拔长时力学性能随锻造比变化的情况。由图可知,当锻造比小于 2 时,无论在锻件的纵向(拔长方向)或横向,各项力学性能指标均随锻造比的增大而有显著提高。这是由于原始铸造组织内的疏松、气泡等被压合,使组织致密和晶粒细化的结果。当锻造比为 2~5 时,由于纤维组织和锻造流线逐渐形成,力学

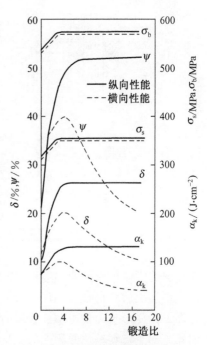

图 6-11 中碳钢钢锭拔长时力学性能与锻造比的关系

性能的各项指标都继续提高,但出现各向异性,横向塑性和韧性的提高程度明显低于纵向。当锻造比超过 5 以后,纵向性能不再提高,而横向的塑性和韧性却逐渐下降。从图 6-11 还可看出,钢的强度的方向性不明显。应该指出,各种成分的钢锭锻造时,力学性能都有类似的变化规律。

由此可见,锻造时选择合适的锻造比是很重要的。以钢锭为坯料锻造时,对于主要要求横向(相对于变形方向而言)力学性能的零件,锻造比应严格控制。即使是主要要求纵向力学性能的零件,锻造比过大也是有害的。以钢材为坯料锻造时,由于坯料经过轧制已具有锻造流线,锻造比一般可不考虑。

合理地利用纤维组织和锻造流线所造成的力学性能的异向性,是设计机械零件和制定锻压工艺时必须考虑的问题之一。应使流线方向与零件所受的最大正应力方向一致,而与最大切应力方向垂直。图 6-12 表示不同工艺制造的螺钉对其使用性能的影响。由图可见,用圆钢直接车制的螺钉具有良好的承受横向剪应力的能力,但当螺钉头部受弯曲载荷作用时,在纵向剪切应力和横向正应力的联合作用下,螺钉头部与杆部的结合处易断裂;如果采用镦锻的方式锻出螺钉的头部,由于锻造流线分布合理且未被切断,螺钉具有更好的使用性能。由此可见,在锻造过程中,注意使锻造流线沿锻件轮廓分布,并在切削加工过程中保持流线的完整和连续,可以提高零件的承载能力。

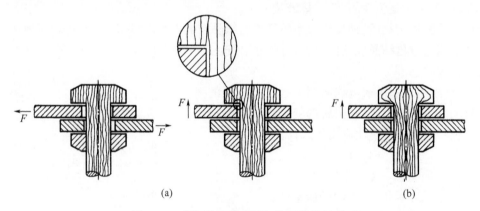

图 6-12　螺钉的锻造流线与使用性能的关系
(a) 用钢料直接车制的螺钉受横向剪切应力时,使用性能良好,受纵向剪切应力时易损坏;
(b) 锻造毛坯加工的螺钉受纵、横向剪切应力时,使用性能均好。

第三节　金属的塑性成形性能

金属的塑性成形性能(塑性加工性能)是金属材料的工艺性能之一,用以衡量金属材料经塑性成形加工后获得合格制件的难易程度。塑性成形性能的优劣,以金属的塑性和变形抗力综合衡量。变形抗力是指塑性成形时,变形金属施加于工模具单位面积上的作用反力。它与工模具施加于坯料单位面积上的变形力大小相等、方向相反。塑性反映金属塑性变形的能力,变形抗力则反映塑性变形的难易程度。因此,材料的塑性越好,变形抗力越小,其塑性成形性能越好。

金属的塑性成形性能不仅取决于金属的本质条件,也与其变形条件有关。

一、金属本质条件对塑性成形性能的影响

(一)化学成分的影响

纯金属的塑性成形性能优于其合金的。例如,纯铁的塑性成形性能优于铁碳合金的。在铁碳合金中,碳钢的含碳量越高,其强度和硬度越高,塑性成形性能越差,铸铁则根本不能进行塑性加工;一般说来,合金钢中的合金元素成分越复杂,含量越高,塑性成形性能越差;钢中含有的硫、磷等有害杂质越多,塑性成形性能越差。

(二)金属组织的影响

单相组织(纯金属和单相不饱和固溶体)比多相组织的塑性成形性能好,金属中的化合物相使其塑性成形性能变差。因此,一般金属锻造时,最好使其处于单相不饱和固溶体状态,而化合物相的数量越多越难以进行塑性加工。此外,铸态组织和粗晶组织由于其塑性较差,不如锻轧组织和细晶组织的塑性成形性能好。

二、变形条件对塑性成形性能的影响

(一)变形温度的影响

在一定的温度范围内(过热温度以下),随着温度的升高,金属原子的活动能量增强,原子间的结合力减弱,材料的塑性提高而变形抗力减小。同时,大多数钢在高温下为单一的固溶体(奥氏体)组织,而且变形的同时再结晶也非常迅速,所有这些都有利于改善金属的塑性成形性能。

(二)应力状态的影响

金属内的拉应力使原子趋向分离,从而可能导致坯料破裂;反之,压应力状态可提高金属的塑性。金属在经受不同方式的塑性变形时,其内部的应力状态是不同的。图 6-13 所示为挤压、自由锻镦粗和拉拔时坯料内部不同质点上的应力状态。挤压加工时,由于变形金属内部存在三向压应力,即使在较低的变形温度下,本质塑性较差的金属都表现出较好的塑性;自由锻镦粗时,坯料心部存在三向压应力,而表层金属内存在沿水平方向的切向拉应力,如果变形量过大,则易在坯料表面产生纵向(由上到下)裂纹;拉拔加工时,由于存在较大的轴向拉应力,变形量过大则可使坯料沿横截面断裂。

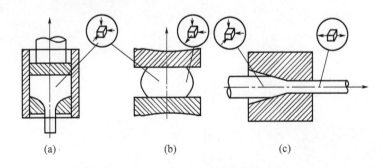

图 6-13　金属变形时的应力状态

(a) 挤压;(b) 自由锻镦粗;(c) 拉拔。

还应指出,压应力在提高金属塑性的同时,还会使变形抗力大大增加。

（三）应变速率的影响

应变速率是指变形金属在单位时间内的应变量（不是指工模具的运动速率）。应变速率在不同范围内对金属的成形性能有相反的影响，如图 6-14 所示。在应变速率低于临界速率 C 的条件下，随着应变速率的提高，金属通过再结晶消除变形强化越来越困难，因而随应变速率提高，塑性成形性能变差；当应变速率超过临界速率后，由于变形产生的热效应越来越强烈，使金属的温度明显提高，从而又改善了塑性成形性能。高速锤锻造和某些高能成形工艺就是利用这一原理，使本质塑性差的金属表现出较好的塑性。通常应用的各种锻造方法的应变速率都远低于上述临界速率，因此，对于本质塑性较差的金属（如高碳钢，中碳、高碳合金钢），在一般锻造中均应减慢应变速率，以防止锻裂。

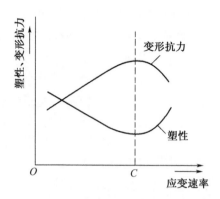

图 6-14　应变速率对金属的
成形性能的影响

综上所述，影响金属塑性成形性能的因素是很复杂的。选择塑性加工方法和制定锻压工艺的重要原则之一是，在充分发挥金属塑性、满足成形要求的前提下尽量减少变形抗力，以降低设备吨位，减少能量消耗，使锻压件的生产达到优质、低耗的要求。

复习思考题

1. 何谓塑性变形？塑性变形的实质是什么？

2. 碳钢在锻造温度范围内变形时，是否会有冷变形强化现象？

3. 铅在 20℃、钨在 1000℃时（铅的熔点为 327℃，钨的熔点为 3380℃）变形，各属哪种变形？为什么？

4. 纤维组织是怎样形成的？它的存在有何利弊？

5. 如何提高金属的塑性？最常采用的措施是什么？

6. "趁热打铁"的含义何在？

第七章 锻 造

锻造在工业生产中占有举足轻重的地位,广泛应用在工矿交通各行业中,如汽车、拖拉机、机床、矿山机械、动力机械和航天航海等。锻造生产能力及工艺水平,对一个国家的工业、农业、国防和科学技术所能达到的高度,影响很大。

锻造之所以广泛应用与其具有独特的优越性是分不开的,如生产率、金属材料的利用率及产品的力学性能等重要技术经济指标方面,均比其他金属加工方法好。正因如此,锻造工艺虽然由来已久,具有两、三千年的发展史,但至今其生命力仍与日俱增,正朝着少无切屑、机械化生产的方向发展。

一般地说,锻件的复杂程度不如铸件,但是铸件的内部组织和力学性能却不能与锻件相提并论。经过热处理的锻件,冲击韧度、疲劳强度等力学性能均占绝对优势,一切重要零件选用锻造方法生产,其根本原因也就在于此。

锻造可分自由锻和模锻。自由锻适用于单件、小批量生产(特别是大型锻件),可减少设备费用,提高经济性。模锻适用于成批、大批量生产中小型锻件,可提高生产率、降低生产成本。

第一节 自 由 锻 造

自由锻造(简称自由锻)是金属塑性加工的一种方法。它利用冲击力或压力使金属在上下砧铁之间产生变形,从而得到所需形状及尺寸的锻件。金属受力变形时不受模具的限制。锻件形状和尺寸是由锻工的操作技术来保证的。

自由锻分为手工锻造和机器锻造两种。手工锻造只能生产小型锻件,机器锻造是自由锻的主要生产方法。根据锻造类型不同,机器锻造可分为锻锤自由锻和水压机自由锻两种。锻锤自由锻用以锻造中小件,水压机自由锻主要锻造大型锻件。

自由锻是由坯料逐步变形而成的。工具只与坯料部分接触,故所需设备功率比模锻要小得多。所以自由锻是大型锻件唯一的锻造方法。由于自由锻所用的工具简单,通用性强,灵活性大,应用极广。但自由锻件的精度差,锻造生产率低,劳动强度大,只适合单件小批量锻件的生产。

一、自由锻设备简介

自由锻所用的设备有空气锤、蒸汽-空气锤及水压机。

(一) 空气锤

空气锤是目前我国中小型锻工车间中数量最多,使用最广泛的一种锻造设备。空气锤由电动机直接驱动,使用维修方便,费用低,本身结构简单,操作方便,可以完成全部自由锻工序和用于胎模锻。

空气锤的规格用工作气缸落下部分的重量表示。我国目前制造的空气锤落下部分的重量为 30~1000kg。随落下部分的增加要求配备电动机功率的本体重量和占地面积显著增大,而且工作时吸排气嘈杂声很大。因此,落下重量大于1000kg的锻锤不用电动机直接带动,如蒸汽-空气锤等。

空气锤的工作原理如图7-1所示。它有两个气缸,即工作气缸和压缩气缸。电动机通过减速器带动曲柄转动,再通过连杆带动活塞在压缩气缸内做上下往复运动。在压缩气缸与工作气缸之间有上、下两个气阀。当压缩气缸内活塞做上下运动时,压缩空气通过气阀交替地进入工作气缸的上部和下部空间,使工作气缸内的活塞连同锤杆和上砧铁一起做上下运动,对金属施加连续打击。

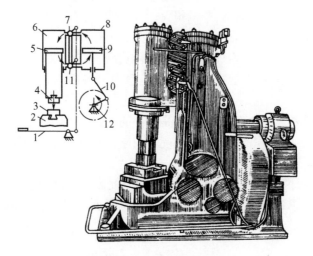

图7-1　空气锤的构造

1—踏杆;2—砧垫;3—下砧铁;4—上砧铁;5、9—活塞;6—工作缸;7、11—气阀;
8—压缩缸;10—减速器;12—电动机。

空气锤为了适合锻造的需要,通过控制上下气阀的不同位置,能够使锤头完成上悬、连续打击、单击和下压等动作。

锻造时,空气锤吨位的选择主要根据锻件尺寸和重量来决定。表7-1是按锻件重量来选择吨位的概略数据。

表7-1　空气锤吨位选用的概略数据

空气锤吨位/kg	100	150	250	300	400	500	750	1000
锻件最大重量/kg	4	6	10	17	26	45	62	84

(二) 蒸汽-空气锤

蒸汽-空气锤又称蒸汽锤。它是利用蒸汽或压缩空气带动锤头工作的。蒸汽锤有单臂式、双柱拱式和桥式三种。双柱拱式蒸汽锤的构造如图7-2所示,主要由工作气缸落下部分(活塞、锤杆、锤头和上砧铁)带动锤头导轨的左右机架、带下砧铁的砧座和操作手柄等组成。

蒸汽-空气锤的工作原理如图7-2上方小图所示,当滑阀在图示位置时,进气管的蒸汽进入滑阀气缸,并从滑阀的外面绕过而进入工作气缸的上部空间,蒸汽压力推动活塞、锤杆和锤头向下运动进行锤击。这时原先在工作气缸下部空间的废气则被迫进入滑阀气缸并通过滑阀中间的孔顺着排气管排出。当滑阀移至下面位置时,蒸汽进入工作气缸的下部空间,蒸汽压力推动活塞带动锤头上升。先前进入工作气缸上部的废气,就直接经排气管排出。工人操作手柄,使滑阀上下运动,产生连续打击。

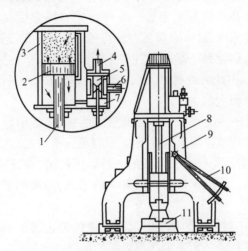

图 7-2 双柱拱式蒸汽锤的构造及工作原理(图标注)

1—锤杆；2—活塞；3—工作气缸；4—排气管；5—滑阀；6—进气管；7—滑阀气缸；

8—落下部分；9—机架；10—操纵手柄；11—砧座。

蒸汽-空气锤吨位选用的概略数据如表 7-2 所列。

表 7-2 蒸汽-空气锤吨位选用的概略数据

锻锤吨位 /t	锻件重量/kg			方断面坯料的 最大边长/mm
	成形类锻件		光轴类锻件 的最大重量	
	一般重量	最大重量		
1	20	70	250	160
2	60	180	500	225
3	100	320	750	275
4	200	700	1500	350

(三) 自由锻造水压机

目前在大型锻件的锻造生产中,日益广泛采用锻造水压机来代替锻锤。同时,锻造水压机又是完成特大型锻件(上百吨)的自由锻造工艺的唯一设备。因此,它的吨位是代表一个国家重型机械制造工业水平的标志之一。水压机的吨位以工作柱塞所能产生的静压力的大小表示。我国 1961 年自行设计制造的万吨水压机吨位为 12000t,就是指柱塞产生的静压力总共 12000t(该水压机上有六个柱塞)。

水压机的基本工作原理是水静压力传递原理(即巴斯卡原理)。在充满液体的密闭容器中,施于任意点的单位外力能传播至液体全部,其数值不变,其方向垂直于容器的表面。

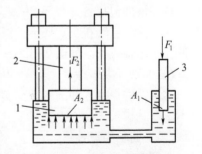

图 7-3 水压机工作原理图

1—大柱塞；2—工件；3—小柱塞。

如图 7-3 所示,在一个充满液体的连通管里,一端装有面积为 A_1 的小柱塞,而另一端装有面积为 A_2 的大柱塞。柱塞的连通管之间设有密封装置,使连通管内形成一个密闭的空间,不使液体外泄。这样,当我们在小柱塞上施加一个外力 F_1 时,作用在液体上的单位压力为 $p = F_1/A_1$。按照水静压力传递原理,这个单位压力 p 将传递到液体的全部,其数值不变,方向垂直于容器的表面。因此,在连通管另一端的大柱塞上,作用着垂直于表面的单位压力 p,使大柱塞上产生 $F_2 = pA_2$ 推动力。由此可以看出,只要增大柱塞面积,便可以由小柱塞上一个较小的力 F_1 在大柱塞上获得一个很大的力 F_2。

要使水压机本体工作,必须配置一些必要的附属装置,包括用以产生高压水(压力为 20~32MPa)的高压水泵、储存和调节高压水的蓄压器、储存低压水的充水罐、水箱、管道以及阀门等。

水压机是用无冲击的静压力使金属变形的一种锻压机械,与锻锤相比具有以下特点:

(1)水压机工作时没有振动,不需要大而复杂的基础,周围的建筑物免受振动的影响,可以改善工人的劳动条件。

(2)水压机的静压力在锻件上的作用时间比锻锤的冲击力的作用时间要长,可以使锻件达到较大的锻透深度,获得整个截面是细晶粒组织的锻件。

(3)在水压机上锻造,变形速度慢,金属的再结晶进行得较完全,有利于提高塑性,降低变形抗力,因此高合金钢在水压机上锻造效果较好。

二、自由锻造工序

在自由锻设备上锻造锻件时,常用的工序有拔长、镦粗、冲孔、弯曲、扭转、错移及切割等。图 7-4 所示为自由锻造工序。

三、自由锻件分类

自由锻是一种通用性很强的工艺方法,它可以锻造多种多样的锻件,锻件形状复杂程度相差很大。为了便于安排生产和制订工艺规范,应按照锻造工艺特点给锻件分类,即把形状相同、变形过程类似的锻件归为一类。自由锻件一般分为六类:盘形类锻件、空心类锻件、轴杆类锻件、曲轴类锻件、弯曲类锻件和复杂形状锻件。

(一)盘形类锻件

这类锻件包括各种圆盘、齿轮和锤头等。该类锻件的特点是横向尺寸大于高度尺寸或两者相近。锻造盘形锻件的基本工序是镦粗,其中带孔的锻件需要冲孔。图 7-5 所示为齿轮毛坯的锻造过程。

(二)空心类锻件

这类锻件包括各种圆环、齿圈、轴承环和各种圆筒、空心轴等。锻造空心锻件的基本工序有镦粗、冲孔、芯轴拔长。环形件锻造过程是镦粗→冲孔→芯轴扩孔。筒形件锻造过程是镦粗→冲孔→芯轴拔长。如图 7-6 所示为圆环的锻造过程。

(三)轴杆类锻件

这类锻件包括各种圆形截面实心轴以及矩形、方形、工字形截面杆件等。锻造轴杆锻件的基本工序是拔长。图 7-7 所示是传动轴的锻造过程。

(四)曲轴类锻件

大型曲轴采用自由锻,一般中、小型曲轴多采用模锻。锻造曲轴的基本工序有拔长、错移和扭转。

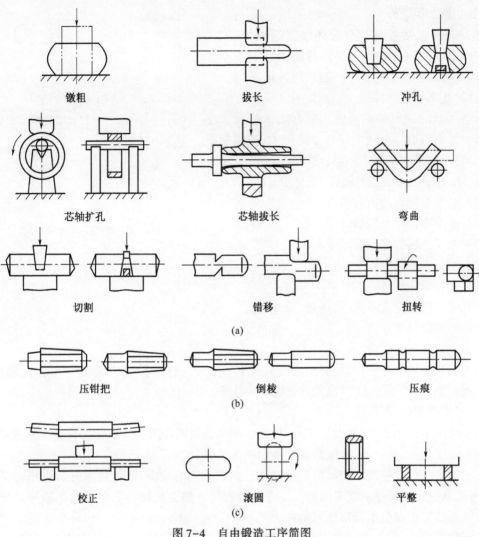

图 7-4　自由锻造工序简图

（a）基本工序；（b）辅助工序；（c）修整工序。

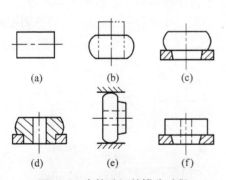

图 7-5　齿轮毛坯的锻造过程

（a）下料；（b）镦粗；（c）镦挤凸台；

（d）冲孔；（e）滚圆；（f）平整。

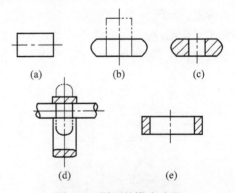

图 7-6　圆环的锻造过程

（a）下料；（b）镦粗；（c）冲孔；

（d）芯轴扩孔；（e）平整端面。

（五）弯曲类锻件

这类锻件包括各种具有弯曲轴线的锻件,如吊钩、弯杆、曲柄和轴瓦盖等。锻造弯曲锻件的基本工序是弯曲,弯曲前的制造工序一般采用拔长。

（六）复杂形状锻件

一些形状比较复杂的锻件,如阀体、叉杆及十字轴等属于复杂形锻件。这类锻件难度较大,应根据锻件形状的特点,采取适当工序组合锻造。

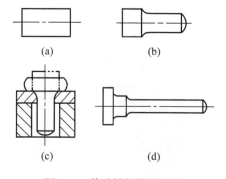

图 7-7　传动轴的锻造过程
(a) 下料;(b) 拔长;
(c) 拔出锻件;(d) 镦出法兰。

四、自由锻工艺规程的制订

自由锻工艺规程的内容包括:

（1）根据零件图绘制锻件图;

（2）决定坯料的重量和尺寸;

（3）制订变形工序;

（4）选择锻压设备;

（5）确定锻造温度范围、加热和冷却规范;

（6）确定热处理规范;

（7）填写工艺卡片等。

在编制自由锻工艺规程时,必须密切结合生产条件、设备能力和技术水平等实际情况,力求经济上合理、技术上先进,以便能够正确指导生产。

（一）锻件图的制订

锻件图是编制锻造工艺、设计工具、指导生产和验收锻件的主要依据。它是在零件图的基础上加上加工余量、锻造公差、锻造余块等绘制而成的。

一般锻件的尺寸精度和表面粗糙度值达不到零件图的要求,锻后需要进行机械加工。为此,锻件表面应留有足够的加工余量。零件的公称尺寸加上机械加工余量称为锻件的公称尺寸。对于不加工的部分不需留加工余量。

在实际生产中,受各种因素影响,锻件的实际尺寸与公称尺寸之间总存在着一定的误差,这种误差必须限制在一定的允许范围内,叫做锻造公差。锻件的实际尺寸大于公称尺寸的部分为上偏差,小于公称尺寸的部分为下偏差。通常锻造公差约为加工余量的 1/4～1/3。

为了简化锻件外形,在零件的某些地方添加一部分大于加工余量的金属,这部分附加的金属叫做锻造余块,如图 7-8 所示。对于零件上较小的孔,窄的凹挡和难以锻造的复杂形状可

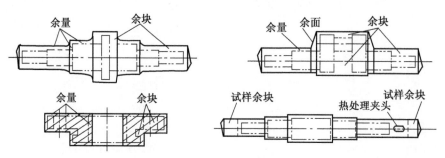

图 7-8　锻件的各种余块

添加余块使锻件形状简化便于锻造成形,但增加了机械加工工时和金属材料的损耗。因此,是否添加余块应根据锻造困难程度、机械加工工时、金属材料消耗、生产批量和工具制造等综合因素考虑确定。

对于某些重要锻件,为了检验锻件内部组织和力学性能,需在锻件适当部位留出试样余块。试样余块的尺寸确定应能反映锻件的组织和性能。

当余块、余量、公差确定之后,便可绘出锻件图。锻件图上的锻件形状用粗实线描绘。为了便于了解零件的形状和检查锻后的实际余量,在锻件图内用假想线(双点划线)或细实线描绘出零件的轮廓形状,锻件的公称尺寸和公差应标注在尺寸线上面,相应的零件尺寸标注在尺寸线下面,并加括号,如图7-9所示。

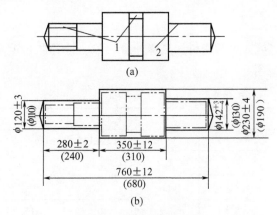

图 7-9　典型的锻件图

(a) 锻件的余量及敷料；(b) 锻件图。

1—敷料；2—余量。

表7-3表示台阶和凹挡的锻出条件。所谓台阶是指轴类锻件的某一段直径大于邻接的

表 7-3　台 阶 和 凹 挡 的 锻 出 条 件

台阶高度 h/mm	零件总长度 l/mm	相邻台阶的直径 ϕ/mm				
		65 以下	66~80	81~100	101~125	126~160
		锻出台阶及凹挡的最小长度 l_{min}/mm				
5~8	250 以下	70	80	90	100	120
	251~400	90	100	120	140	160
	401~600	120	140	160	180	210
9~14	250 以下	50	55	60	70	80
	251~400	60	70	80	90	100
	401~600	80	90	100	110	120
15~23	250 以下		40	45	50	60
	251~400		50	60	70	80
	401~600		70	80	90	100

注：1. 端部台阶实际长度≥l_{min}时,该台阶能锻出；
　　2. 凹挡的实际长度≥l_{min}时,该凹挡能锻出；
　　3. 当中间台阶的实际长度≥0.8l_{min}时,该台阶能锻出。

一段直径的部分;锻件的某一部分直径小于其邻接的两部分直径,该部分叫做凹挡。台阶和凹挡若锻不出,则应加余块。台阶和凹挡如图7-10所示。轴类锻件的加工余量和公差见表7-4。

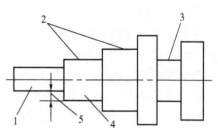

图7-10 凹挡和台阶
1—端部台阶;2—台阶;3—凹挡;
4—端部台阶的相邻台阶;5—台阶高度。

（二）确定坯料重量和尺寸

锻造用的原材料有两种:一种是轧制过的钢材,多用于中、小型锻件;另一种是铸态钢锭,主要用于大、中型锻件。

1. 坯料重量的计算

$$G_{坯} = G_{锻} + G_{损}$$

式中　　$G_{锻}$——锻件重量;

　　　　$G_{损}$——金属损耗重量,包括钢料加热烧损重量 $G_{烧}$、冲孔芯料重量 $G_{芯}$ 以及端部切头损失重量 $G_{切}$ 等。

表7-4　轴类锻件的加工余量和公差

零件总长度 l/mm	零件直径 ϕ/mm					
	65 以下	66~80	81~100	101~125	126~160	161~200
300 以下	5^{+1}_{-2}	6^{+1}_{-2}	7 ± 2	8^{+2}_{-3}	9^{+2}_{-3}	10^{+2}_{-3}
301~600	6^{+1}_{-2}	7^{+1}_{-2}	8^{+2}_{-3}	9^{+2}_{-3}	10^{+2}_{-3}	11^{+3}_{-4}
601~1000	7 ± 2	8^{+2}_{-3}	9^{+2}_{-3}	10^{+2}_{-3}	11^{+3}_{-4}	12^{+3}_{-5}

注:1. 零件直径指所查加工余量处的直径。

2. 表中公差数值指零件公称尺寸加上该处的加工余量后得到的锻件公称尺寸的公差。

3. 表中加工余量数值为单边加工余量,即直径方向应加上二倍的该数值。轴端面要加工时,加工余量数值为表中数值,这时表中零件直径为该端面处的直径。中间台阶的侧面要加工时,加工余量数值为表中数值的0.75倍。

锻件重量 $G_{锻}$ 等于锻件体积与钢的密度的乘积。锻件体积按锻件公称尺寸计算。

钢料的加热损耗重量 $G_{烧}$,一般以坯料重量的百分比(烧损率)表示。烧损率可由表7-5选取。

表7-5　钢料加热烧损率

加热方法	室式煤炉	油　炉	煤气炉	电阻炉
烧损率/%	2.5~4	2~3	1.5~2.5	1~1.5

冲孔芯料损失重量 $G_{芯}$ 取决于冲孔方式、冲孔直径和坯料高度。实心冲子冲孔时,可按下式计算:

$$G_{芯} \approx (1.18~1.57)d^2H \quad (\text{kg})$$

式中　　d——实心冲子直径(dm);

　　　　H——冲孔坯料高度(dm)。

端部切头损失重量 $G_{切}$,在锻造轴杆类锻件时,应考虑切除多余料头,以保证锻件端头平齐。$G_{切}$ 可按下式计算。

锻件端部为圆形截面时,有

$$G_{切} = (1.65~1.8)D^3 \quad (\text{kg})$$

锻件端部为矩形截面时,有

$$G_{切} = (2.2 \sim 2.36) B^2 H \quad （kg）$$

式中 D——锻件端部直径(dm)；

B、H——锻件端部的宽与高(dm)。

2. 坯料尺寸的确定

坯料尺寸的确定与采用的第一个基本工序有关。所采用的工序不同,确定的方法也不一样。

1) 采用镦粗方法锻造时

为了避免产生弯曲现象,坯料高径比(H_0/D_0)不得超过2.5,但坯料过短会使下料操作困难,坯料高径比还应大于1.25,即

$$H_0 = (1.25 \sim 2.5) D_0$$

由于坯料重量已知,便可算出坯料体积 $V_{坯}$:

$$V_{坯} = \frac{G_{坯}}{\rho}$$

式中 ρ——钢的密度。

对于圆坯料,坯料直径 D_0 可按下式计算:

$$V_{坯} = \frac{\pi}{4} D_0^2 H_0 = \frac{\pi}{4} D_0^2 (1.25 \sim 2.5) D_0$$

$$= (0.98 \sim 1.96) D_0^3$$

$$D_0 = (0.8 \sim 1.0) \sqrt[3]{V_{坯}}$$

对于方坯料,边长 l_0 可按下式计算:

$$l_0 = (0.75 \sim 0.90) \sqrt[3]{V_{坯}}$$

初步确定坯料的直径 D_0(或边长 l_0)之后,应按国家钢材规格标准选择标准直径(或边长)。在选定坯料直径之后,则可确定坯料的高度 H_0(即长度):

$$H_0 = \frac{V_{坯}}{A_{坯}}$$

式中 $A_{坯}$——选取标准直径后坯料的截面积。

2) 采用拔长法锻造时,坯料尺寸的确定

$$A_{坯} = \frac{\pi}{4} D_0^2$$

$$D_0 = 1.13 \sqrt{A_{坯}}$$

$A_{坯}$的确定与锻造比有关。锻造比是锻件在锻造成形时变形程度的一种表示方法,是反映锻件质量的重要指标。

镦粗锻造比:

$$f_{镦锻} = H_0/H = A/A_0$$

拔长锻造比:

$$f_{拔锻} = A_0/A = L/L_0$$

式中 H_0、A_0、L_0——坯料变形前的高度,横截面积和长度；

H、A、L——坯料变形后的高度,横截面积和长度。

锻造比反映了锻造对锻件组织、性能的影响。一般规律是,锻造过程随着锻造比增大,由于内部孔隙压合,铸态树枝晶被打碎,锻件的力学性能明显提高。当锻造比超过一定数值后,由于铸锭中分布在晶粒边界上的杂质随着晶粒的变形被拉长而再结晶时金属晶粒形状改变,但是杂质依然沿被拉长的方向保留下来,形成的纤维形状叫纤维组织。纤维组织的明显程度随锻造比的增大而增加。这种组织使金属在性能上具有了方向性。纤维组织越明显,锻件在平行纤维方向上的塑性、韧性增大,而在垂直纤维方向上的塑性、韧性降低,导致出现各向异性。锻造比过小,锻件达不到性能要求;锻造比过大不但增加了锻造工作量,并且还会引起各向异性。因此,工艺规程制订应合理选取锻比大小。一般钢锭 $f_{拔} = 2.5 \sim 4$,轧材 $f_{拔} = 1.1 \sim 1.5$。

在用拔长方法锻造时,应按锻件最大截面积 $A_{锻}$、考虑锻造比等来选取坯料尺寸。

$$A_{坯} = f_{拔} \cdot A_{锻}$$

由于 $A_{锻}$ 由锻件图可求出,$f_{拔}$ 可在一定范围内选取,所以 $A_{坯}$ 可求出,从而求出坯料的直径 D_0 后,再按国家钢材规格标准,选用标准直径。

$$L_{坯} = V_{坯} / A'_{坯}$$

式中 $A'_{坯}$——选取标准直径后的截面积。

(三) 确定变形工序

制订变形工序包括确定锻件成形必需的基本工序、辅助工序和修整工序以及决定工序顺序和设计工序尺寸等。

制订变形工序是编制自由锻工艺规程最重要的部分。应根据锻件生产批量、锻件的形状尺寸、技术要求、工人操作经验、生产管理水平和车间条件等来确定,所以也是难度较大的部分,一般可参考有关典型工艺具体确定。

(四) 确定锻造设备能力

对于小型锻件一般采用空气锤,对于中型或较大型的锻件一般采用蒸汽-空气锤。空气锤的选用可参照表 7-1,蒸汽-空气锤的选用可参考表 7-2。对于大型或特型锻件,则采用水压机锻造。

(五) 确定锻造温度范围与冷却规范

常用钢的锻造温度范围可参照表 7-6。对中小型碳素钢和低合金钢常用空冷。

表 7-6　各种钢的锻造温度范围

钢　种	始锻温度/℃	终锻温度/℃	锻造温度范围/℃
普通碳素钢	1280	700	700~1280
优质碳素钢	1200	800	800~1200
碳素工具钢	1100	770	770~1100

(六) 填写锻造工艺片

将锻件图连同确定的各工艺参数用图形或文字的形式填入工艺卡,作为锻造生产的技术文件。传动轴的自由锻造工艺卡和工序卡形式如下:

传动轴锻造工艺卡

零件名称	传动轴	锻件重量		12.27kg
零件图号		坯料	重量	14.32kg
零件重量			规格	$\phi90\times(287\pm1)$
材 料	45	锻造设备		250kg 空气锤
锻造温度	1200~800℃	锻后冷却		空 冷
锻造比	1.1	单件工时		
备 注 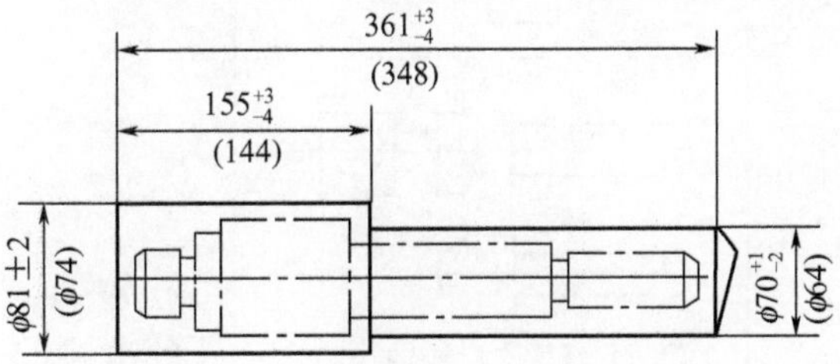				

传动轴锻造工序卡

序号	工序名称	变形简图	温度	设 备
1	下料加热	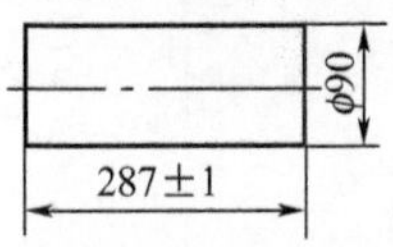	始锻温度 1200℃	
2	拔长压痕	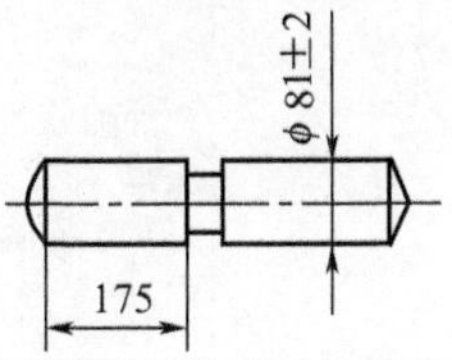		250kg 空气锤
3	局部拔长	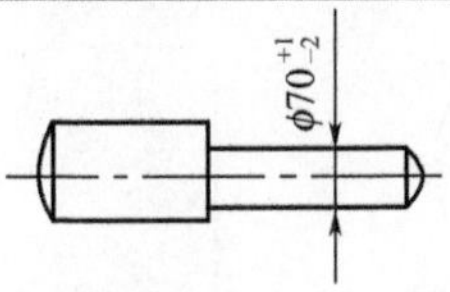		
4	切头	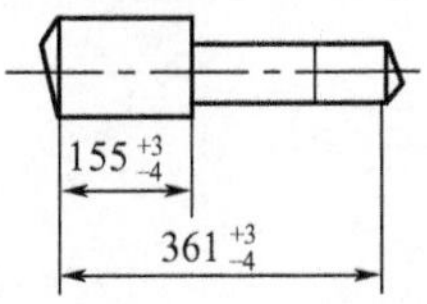	终锻温度 800℃	
编制		审核	日期	

五、自由锻件结构工艺性

设计自由锻件时,除满足使用性能的要求外,还必须考虑自由锻设备和工具的特点,符合自由锻的工艺性,使锻件结构合理,达到锻造方便、节约金属和提高生产率的目的。

自由锻零件结构工艺性见表7-7。

表 7-7　自由锻零件结构工艺性

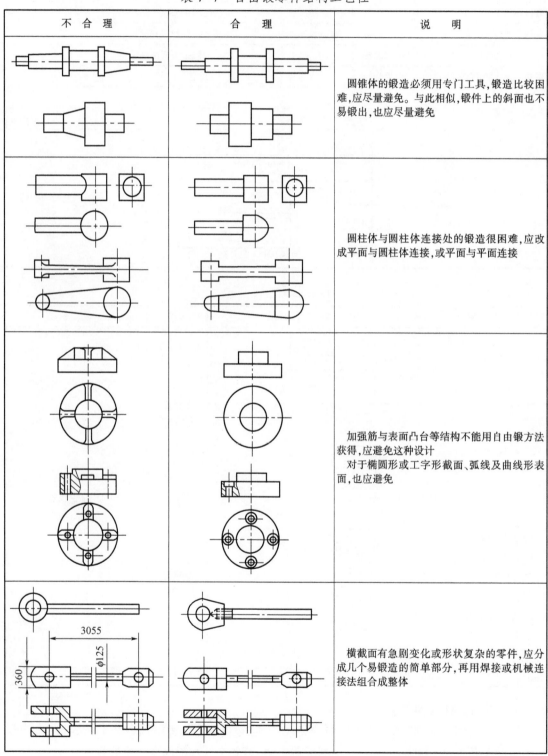

不　合　理	合　理	说　明
		圆锥体的锻造必须用专门工具,锻造比较困难,应尽量避免。与此相似,锻件上的斜面也不易锻出,也应尽量避免
		圆柱体与圆柱体连接处的锻造很困难,应改成平面与圆柱体连接,或平面与平面连接
		加强筋与表面凸台等结构不能用自由锻方法获得,应避免这种设计 对于椭圆形或工字形截面、弧线及曲线形表面,也应避免
		横截面有急剧变化或形状复杂的零件,应分成几个易锻造的简单部分,再用焊接或机械连接法组合成整体

第二节 模 锻

模锻是成批或大批量生产锻件的主要锻造方法,其特点是在锻压设备动力作用下,毛坯在锻模模膛中被迫塑性流动成形,从而获得比自由锻质量更高的锻件。模锻与自由锻相比有以下优点:

(1) 生产率较高。金属的变形是在模膛内进行,故能较快地获得所需形状,适合于大批量生产。

(2) 可以锻出形状较复杂的锻件,而且尺寸精度较高,表面光洁。

(3) 锻件加工余量较小,材料利用率较高。

(4) 生产过程操作简便,劳动强度较低。

其缺点如下:

(1) 设备投资大。由于设备吨位的限制,模锻件重量不能过大,一般在 150kg 以下。

(2) 锻模制造周期比较长,使用寿命较低,成本高。

(3) 一套模具只能生产一种锻件,工艺灵活性不如自由锻。

按锻压设备的类型不同,模锻工艺可分为锤上模锻、压力机上模锻和胎模锻造等。虽然模锻方法很多,其本质上是一致的,都是通过塑性变形迫使坯料在锻模模膛内成形。

一、锤上模锻

锤上模锻是目前最常用的锻造方法。常用的设备有蒸汽-空气模锻锤、无砧座锤和高速锤等。锤上锻模由上下两半模块组成。为了保证上下模对准,模锻锤的锤头与导轨之间的间隙比较小,常见的模锻锤吨位所能锻造的锻件重量见表 7-8。

表 7-8 模锻锤吨位选择

模锻锤吨位/t	0.5~0.75	1.0	1.5	2	3	5	10	16
锻件重量/kg	<0.5	0.5~1.5	1.5~5	5~12	12~25	25~40	40~100	>100

锤上模锻的生产过程:下料→加热→模锻→切边和校正→热处理→检验→成品。

（一）锻模结构与各类模膛的作用

锤上模锻的锻模结构如图 7-11 所示。上模和下模分别紧固在锤头和下模座上,上模与锤头一起做上下往复运动,上下模的接触面叫做分模面。金属坯料经一次或几次锤击在模膛内成形。

模锻工步或模锻方法与锻件的外形密切相关。一般盘形类锻件模锻时,毛坯轴线方向与锤击方向相同,金属沿高度、宽度和长度方向同时流动,终锻前通常用镦粗制坯。长轴类锻件轴线较长,模锻时,毛坯轴线方向与锤击方向垂直,金属主要沿高度和宽度方向流动,沿长度方向流动很小。为此,当锻件截面面积沿长度方向变化较大时,必须采用有效的制坯工步,如拔长、滚压及弯曲等。

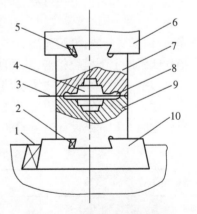

图 7-11 锤上锻模的锻模结构
1、2、5—紧固楔铁;3—分模面;
4—模膛;6—锤头;7—上模;
8—飞边槽;9—下模;10—下模座。

截面变化不大时,不用制坯工步,下料时选择适当的下料尺寸即可。制坯以后,形状简单的锻件可直接放入终锻模膛终锻。形状复杂的锻件为提高终锻模膛寿命,往往先放入预锻模膛预锻,然后再放入终锻模膛终锻成形。

综上所述,模膛可分为制坯模膛和模锻模膛两类。模锻模膛又分为终锻模膛和预锻模膛。

1. 终锻模膛

终锻模膛是使坯料最后变形到锻件所要求的形状和尺寸的模膛。其特点如下:

(1) 模膛形状与锻件的形状相同。但因锻件冷却时要收缩,终锻模膛的尺寸应在锻件尺寸的基础上放大一个收缩量,钢件收缩量取 1.5%。终锻模膛是按照热锻件图加工制造的。

(2) 沿模膛四周有飞边槽。飞边槽的设置有利于金属材料在模膛中的流动。金属材料在模膛内的流动特点,如图 7-12 所示。

锤上模锻时金属流动大致可分三个阶段:

第一阶段是自由变形或镦粗变形过程,如图 7-12(a)所示。

第二阶段是飞边形成和充模的过程,如图 7-12(b)、(c)所示。第一阶段结束后,由于金属流动受到模膛阻碍,有助于向模膛的高度方向流动,同时金属开始流入飞边槽,出现少许飞边。飞边表面摩擦阻力迫使金属充满模膛。

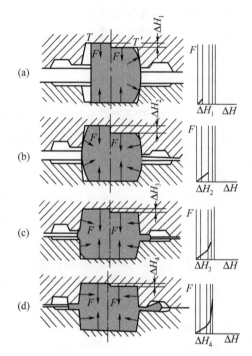

图 7-12 金属流动过程的四个阶段

第三阶段是锻足或打靠的最后阶段,如图 7-12(d)所示。金属先充满模膛,然后将多余的金属排入飞边槽,直至上下模打靠为止。在此阶段中,由于飞边温度低,阻力很大,为把多余金属排入飞边和将上下模打靠,所需的锤击力很大。

综上所述,飞边槽及飞边具有三方面的功用:造成足够大的水平方向阻力,促使模膛得以充满;容纳多余金属,模膛充满后多余金属被迫排入飞边槽;缓冲锤击,在终锻过程中,飞边如同垫片能缓冲上下模块相击,从而防止分模面过早压陷或崩裂。

飞边槽由飞边仓部和飞边桥部两部分组成,如图 7-13 所示。飞边仓部容纳多余的金属。飞边厚度 h 和桥部宽度 b 决定了飞边阻力的大小。h 越小,b 越大,飞边部分形成的阻力越大。选择合适的 h 和 b 是设计锻模时的一项重要工作,可参考表 7-9 选取。

表 7-9 飞边尺寸与锻锤吨位的关系   单位:mm

锻锤吨位/t	h	b	b_1	h_1	r
1	1.0~1.6	8	22~25	4	1
2	1.8~2.2	10	25~30	4	1.5
3	2.5~3.0	12	30~40	5	1.5

锻锤吨位/t	h	b	b_1	h_1	r
5	3.0~4.0	12~14	40~50	6	2
10	4.0~6.0	14~26	50~60	8	2.5
16	6.0~9.0	16~18	60~80	10	3

（3）对具有通孔的锻件,当锻件上的孔径 $d<25$mm 时,该孔锻不出;当孔径 $d>25$mm 且孔的高度 $\leqslant 2d$ 时,终锻模膛内可锻出带连皮的孔。由于模锻时上下模的凸起部分不可能把金属完全挤掉,故终锻后的孔内留下一薄层金属,称为冲孔连皮,如图 7-14 所示,终锻后冲掉。连皮厚度应适当,若过薄,模膛凸出部分加速磨损打裂,若太厚,冲除连皮困难,且浪费金属。连皮厚度 t 按下式计算：

$$t=0.45\sqrt{d-0.25h-5}+0.6\sqrt{h}$$

式中　d——锻件内孔直径(mm)；

　　　h——锻件内孔深度(mm)。

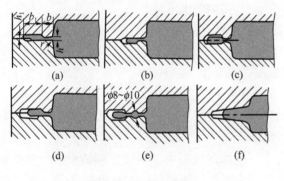

图 7-13　飞边槽形式

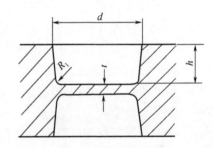

图 7-14　锻件冲孔连皮

（4）为了使锻件易从锻模内取出,模膛壁在平行锤击方向上应留有一定的斜度,叫做模锻斜度。为使金属易充满模膛,模膛转角处应做出圆角。斜度和圆角大小与锻件图相应部位的斜度和圆角相当。

2. 预锻模膛

预锻模膛是以终锻模膛为基础进行设计的,但两者之间有以下区别：

（1）模膛的高与宽。预锻后的坯料在终锻过程中应以镦粗为主。因此,预锻模膛的高度应比终锻模膛大 2~5mm,宽度则比终锻模膛的小 1~2mm。预锻模膛的容积稍大于终锻模膛的容积。应当指出,这是由于预锻模膛不设飞边槽的缘故。

（2）模锻斜度。预锻模膛的模锻斜度一般与终锻模膛的相同。实践表明,斜度相同时,预锻后的坯料放到终锻模膛中成形比较有利。

（3）圆角。预锻模膛内的圆角半径应比终锻模膛的大,以减小金属的流动阻力。

3. 制坯模膛

当长轴类锻件沿轴线方向截面积变化较大时,必须用制坯模膛制坯。

制坯模膛有以下几种：

（1）拔长模膛，用来减小坯料某部分的横截面积，以增加该部分的长度。

（2）滚压模膛，用来减少坯料某部分的横截面积，以增大另一部分的横截面积，主要是使金属按锻件形状来分布。

（3）弯曲模膛，弯曲件需在弯曲模膛内弯曲。

（二）锤上模锻工艺规程的制订

用锤上模锻的方法生产锻件时，首先要制订模锻工艺规程，其内容包括模锻件图设计、模锻工步选择、坯料尺寸计算和模锻锤吨位确定等。

1. 模锻件图设计

根据零件图设计锻件图，锻件图分为冷锻件图和热锻件图两种。冷锻件图用于最终锻件检验，热锻件图用于锻模设计和加工制造。冷锻件图通常称为锻件图。设计时一般应考虑解决下列问题：

1）确定分模位置

确定分模位置最基本的原则是保证锻件形状尽可能与零件形状相近，以及锻件容易从锻模模膛中取出。此外，应争取获得镦粗充填成形的良好效果。为此，锻件的分模位置应选在锻件最大尺寸的截面上。在满足上述原则的基础上，还应考虑下列要求：

（1）为了便于发现上下模在模锻过程中的错移，分模位置应选在锻件侧面的中部，如图 7-15 所示，d-d 处分模合适，c-c 则不合适。

（2）最好把分模位置选在使模膛具有最浅的深度上。这样金属容易充满模膛，便于取出锻件，并有利于锻模的制造。图 7-15 中 b-b 处分模不适合。

（3）应使零件上所加的余块最少。选择图中的 b-b 处分模时，因孔无法锻出要加敷料，所以 b-b 处分模不适合。

（4）一般情况最好使分模面为一平面，上下模膛深浅基本一致以便制造锻模。头部尺寸较大的长轴类锻件则往往用折线式分模，从而使上下模的模膛深度大致相等，有利于整个锻件完满成形。折线分模如图 7-16 所示。

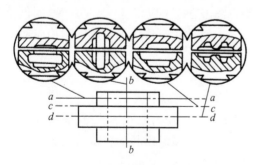

图 7-15　分模面的选择比较图

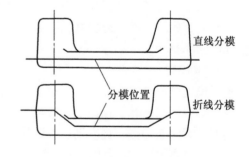

图 7-16　锻件分模位置

2）确定机械加工余量和锻件公差

凡是锻件上需要加工的部位都应给予加工余量，并规定适当的锻件尺寸公差。锤上模锻件余量和高度公差如表 7-10 所列。水平方向公差按自由公差表选定，如表 7-11 所列。

表 7-10　锤上模锻件余量和高度公差　　　　　　单位:mm

锻锤吨位/t	1	2	3	5
锻件单边余量	1.25	1.5~2.0	2.0~2.5	2.5~3.5
高度公差	+1.0 -0.5	+1.5 -0.5	+1.5 -1.0	+2 -1.0

表 7-11　自由公差　　　　　　单位:mm

尺　寸	<6	6~18	18~50	50~120	120~260	260~500
自由公差	±0.5	±0.7	±1.0	±1.4	±1.9	±2.5

应当指出,各个工厂生产锻件所采用的加工余量和锻件尺寸公差标准是多种多样的,有部颁标准和厂用标准。

3) 模锻斜度

模锻件上平行锤击方向的表面必须有斜度,以便于从模膛中取出锻件。锻件外壁(即当锻件冷缩时锻件与模壁离开的表面)斜度 α,锻件内壁(即当锻件冷缩时锻件与模壁夹紧的表面)斜度 β。钢锻件 α 一般为 $5° \sim 7°$,β 一般为 $7°$、$10°$、$12°$。内壁斜度大于外壁斜度,如图 7-17 所示。

4) 圆角半径

生产上把锻件的凸圆角称为外圆角,凹圆角称为内圆角。合理的圆角半径有利于金属充满模膛。为保证外圆角处有必要的加工余量,可按下式计算确定外圆角半径:

$$r_{外} = 余量 + r$$

式中　r——零件上相应处的圆角半径或倒角。

锻件的内圆角半径 $r_内$ 应比外圆角半径 $r_外$ 大,一般可取 $r_内 = (2 \sim 3) r_外$。

为了便于选用标准刀具,圆角半径应按下列标准值选定(mm):1,1.5,2,3,4,5,6,8,10,12,15,20,25,30。

5) 冲孔连皮

锤上模锻件不能直接锻出通孔,先在锻件孔内保留一层连皮,然后冲掉。连皮厚度可按前面公式计算。

上述各参数确定后,便可绘制锻件图。带连皮的锻件,不需绘出连皮的形状和尺寸,因为检验用的锻件图上连皮已经冲掉。零件图的主要轮廓线应该用双点划线在锻件图上表示出来,这样便于了解各部分的加工余量是否满足要求。

图 7-18 是齿轮锻件图。该图尺寸标注为示意性,实际标注时应注明尺寸公差。括号内数字为零件相应部位的尺寸(模锻件图中,零件相应部位件尺寸也可不标注)。

图上无法表示的有关锻件质量及其他检验要求,均列入技术条件说明中。一般技术条件说明内容如下:

(1) 锻件热处理的硬度要求及测试硬度的位置。

(2) 未注明的模锻斜度和圆角半径。

(3) 允许的表面缺陷深度。

(4) 允许错移量和切除飞边后残余飞边的宽度。

(5) 其他特性要求,如锻件同心度、弯曲度等。

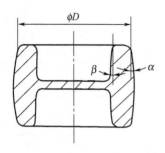

图 7-17　锻件上的内外壁斜度

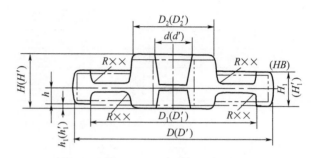

图 7-18　齿轮锻件图

热锻件图表明锻件在变形刚刚终了温度下的几何形状与尺寸,供胎模制造使用。冷锻件图表明锻件在室温状态时的几何形状与尺寸,供锻件检验使用。

因终锻模膛要按照热锻件图进行设计、加工,所以在设计终锻模膛时,首先应绘制出热锻件图。热锻件图以上述锻件图为依据,但又有区别。首先,热锻件图的尺寸标注一般应遵循以下原则:高度方向尺寸以分模面为基准,以便锻模机械加工和准备样板;其次考虑到金属冷缩现象,热锻件图上的尺寸应比冷锻件图的相应尺寸有所增大。在加放收缩率时应注意圆角半径不放收缩率;薄而宽和细而长的锻件收缩率应适当减小,因为这种锻件在锻模中冷却快。此外,热锻件图上不应绘出零件轮廓线,也不标注锻件公差,但必须注明图上的圆角半径和模锻斜度。如果锻件有内孔,必须绘出连皮形状及标明具体尺寸。

因终锻模膛周边留有飞边槽,在设计终锻模膛时必须确定飞边槽形式及有关尺寸。

2. 模锻工步选择

盘形类锻件一般使用镦粗制坯,然后放入模锻模膛模锻,形状复杂的可用成形镦粗制坯。确定坯料镦粗后的尺寸时,尚需明确以下几点:

(1)轮毂较矮的锻件,镦粗后坯料直径应在 $D_1 > D_{镦} > D_2$ 范围内,如图 7-19 所示。

(2)轮毂较高的锻件,镦粗后坯料直径应在 $(D_1 + D_2)/2 > D_{镦} > D_2$ 范围内,如图 7-20 所示。

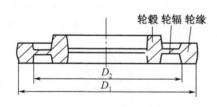

图 7-19　轮毂矮的锻件

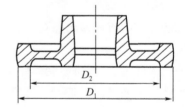

图 7-20　轮毂高的锻件

镦粗时,下料尺寸要注意锻件高径比,以防镦弯。

长轴类锻件由于形状需要,模锻工序一般由拔长、滚压、弯曲、成形等制坯工步,以及预锻、终锻和切断工步所组成。

3. 坯料尺寸确定

1)长轴类锻件

这类锻件的下料尺寸以"计算毛坯截面图"的平均截面积为依据,并考虑不同制坯工步的需要来计算。

(1)下料后,不用制坯工步而直接模锻的工件,毛坯断面积为

$$A_{坯} = (1.02 \sim 1.05) A_{均}$$

（2）成形制坯时，毛坯断面积为

$$A_{坯} = (1.05 \sim 1.3) A_{均}$$

（3）滚压制坯时，毛坯断面积为

$$A_{坯} = (1.05 \sim 1.2) A_{均}$$

上述三式中的 $A_{均}$ 为"计算毛坯截面图"的平均截面，具体计算方法可参考锻造工艺学。

（4）拔长制坯时，毛坯断面积为

$$A_{坯} = \frac{V_{头}}{L_{头}}$$

式中　$V_{头}$——包括氧化皮在内的锻件头部的体积；

　　　$L_{头}$——锻件头部长度。

对以上各种情况，求出毛坯断面积后，按照材料规格选取标准直径，然后确定其坯料长度：

$$L_{坯} = \frac{V_{坯}}{A'_{坯}} + l_{钳}$$

式中　$V_{坯}$——毛坯体积（包括飞边、连皮），$V_{坯} = (V_{锻} + V_{飞} + V_{连皮})(1 + \delta\%)$，$\delta$ 为烧损量；

　　　$A'_{坯}$——按规格选取标准直径后计算的截面积；

　　　$l_{钳}$——钳头损耗长度，模锻之后切除（可查有关手册）。

2）盘形类锻件

坯料体积为

$$V_{坯} = (1 + K) V_{锻}$$

坯料直径为

$$d_{坯} = 1.13 \sqrt[3]{\frac{(1 + K) V_{锻}}{m}}$$

式中　K——宽裕系数，即飞边及烧损量，圆形锻件 $K = 0.12 \sim 0.25$，非圆形锻件 $K = 0.2 \sim 0.35$；

　　　$V_{锻}$——锻件体积，不包括飞边在内；

　　　m——坯料高径比，一般为 $1.8 \sim 2.2$；

计算出 $d_{坯}$ 后，按规格尺寸选取标准值 $d'_{坯}(d'_{坯})$，计算坯料长度 $L_{坯} = \dfrac{V_{坯}}{A'_{坯}} = \dfrac{4 V_{坯}}{\pi \cdot d'^2_{坯}}$。

4. 锻锤吨位选择

为了获得优质锻件并节省能量，保证正常生产率及锻锤工作状态，应选用适当吨位的锻锤，可用查表法（参考表7-8）和计算法（略）。

二、胎模锻造

胎模锻造是在自由锻设备上进行模锻件生产的一种工艺形式。所用模具称为胎模。胎模结构简单，形式多样，锻造时胎模不固定在上、下砧块上。毛坯按要求可采用棒料，也可经自由锻或用简单胎模制坯至接近锻件的形状，在成形胎模中终锻得到符合要求的模锻件。

胎模锻造是在自由锻的基础上发展起来的模锻工艺。因此，它是介于自由锻和模锻之间的一种独特工艺形式。它与自由锻相比，因金属在胎模内成形，所以操作简便、生产率高，锻件表面质量及尺寸精度得到改善，工艺余块少，节约了金属并减少后续工序的机械加工工时。它与模锻相比，由于胎模制造精度要求低，所以比锤上锻模成本低，易于推广。在中小型工厂的锻工车间已得到广泛应用。胎模是不固定的活动模结构,可以有一个以上的分模面。在自由锻造设备上可锻出形状较为复杂的工件,但胎模锻锻件尺寸精度不如锤上模锻锻件的高,生产率比锤上模锻的低,工人劳动强度比锤上模锻的大,模具工作条件差、寿命短。

综合以上特点,胎模锻造适合于中、小批量生产。

（一）胎模的分类及应用

胎模可分为制坯整形模、成形模和切边冲孔模。

1. 制坯整形模

制坯整形模既可以给成形模制坯,又可以作为简单锻件的成形模。

常用的制坯整形模如下：

（1）漏盘。常用于旋转体锻件的局部锻粗和镦粗成形等,如图7-21（a）所示。

（2）摔子。主要用于旋转体工件杆部的拔长、摔圆、摔台阶和摔球等,如图7-21（b）所示。

（3）扣模。用于非旋转体工件的成形,或用来为合模制坯,如图7-21（c）所示。

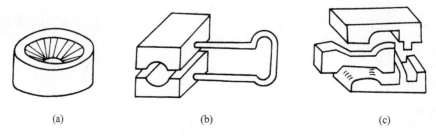

(a)   (b)   (c)

图7-21　制坯整形模简图

(a) 漏盘；(b) 摔子；(c) 扣模。

2. 成形模

（1）筒模。锻模为圆筒形,主要用于锻造回转体类锻件。筒模分为开式筒模、闭式筒模和组合筒模。开式筒模如图7-22（a）所示,闭式筒模如图7-22（b）所示。对于复杂的锻件,为取出锻件,常用组合筒模,如图7-22（c）所示。

（2）合模。通常由上模和下模两部分组成,常用于生产形状复杂的非回转体锻件,如图7-22（d）所示(合模是开式筒模)。

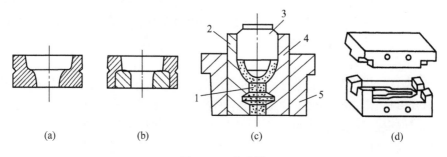

(a)   (b)   (c)   (d)

图7-22　成形模

(a) 开式筒模；(b) 闭式筒模；(c) 组合筒模；(d) 合模。

1—锻件；2—左半模；3—冲头；4—右半模；5—筒模。

3. 切边模和冲孔模

切边模用于切除飞边,冲孔模用于冲掉连皮。

(二) 胎模锻造工艺设计

1. 绘制锻件图

锻件图是在零件图的基础上,考虑了胎模锻造生产特点而绘制成的。

胎模锻造时,金属是在热状态下置于模膛内发生变形的,因此锻件图的制订应满足出模方便、保证尺寸及变形合理等要求。

1) 分模面

分模面的选择应能及时发现上下模的错移,金属容易充满模膛,提高金属利用率,制模方便。胎模锻造比较灵活,模具套数多,不同工序中可选取不同的分模面,但一般情况下,锻件多在最大截面处进行分模,并与锤击的方向垂直。

2) 机械加工余量及公差

影响机械加工余量及公差数值的因素很多,主要与锻件的外形尺寸、批量、技术要求及设备、模具等有关。通常情况下,锻件的单边余量很少超过5mm。表7-12为通常情况下选用的胎模锻件的机械加工余量及公差的统计数值。

上述参数确定之后即可绘出锻件图。对于简单锻件的胎模锻造也可不专门绘制出锻件图,在零件图上用红铅笔画出锻件外形、标注上必要的尺寸公差及技术要求即可制模生产。锻件图确定后,就基本确定了工艺及采用的胎模结构形式。

热锻件图是制模的依据,热锻件图将冷锻件图的各尺寸放大,即加上冷缩量。镁合金冷缩率为 0.5% ~ 0.8%;铝合金冷缩率为 0.6% ~ 1.0%;铜合金冷缩率为 0.7% ~ 1.1%;黑色金属冷缩率为 1.2% ~ 1.5%。

2. 坯料重量及尺寸计算

1) 坯料重量计算

坯料重量 $G_{坯}$ 应包括锻件重量 $G_{锻件}$ 和在锻造生产过程中的工艺损耗重量 $G_{工}$ 以及热烧损重量 $G_{烧损}$,即

$$G_{坯} = G_{锻件} + G_{工} + G_{烧损}$$

表 7-12　胎模锻件的机械加工余量及公差　　单位:mm

锻件外形尺寸	单边余量	公　　差
<150	1.5 ~ 2.5	+1.0　+1.6 ~ -0.5　-0.8
150 ~ 300	2.5 ~ 3.5	+1.6　+2.2 ~ -0.5　-1.1
>300	3.5 ~ 4.5	+2.2　+2.8 ~ -1.1　-1.4

式中　$G_{锻件}$——锻件重量,$G_{锻件} = 7.8 \times V_{锻件}$,$V_{锻件}$ 为锻件体积;

$G_{工}$——工艺损耗重量,$G_{工} = G_{冲} + G_{飞边} + G_{料头}$,$G_{冲}$ 为冲孔连皮重量,$G_{飞边}$ 为飞边重量,$G_{冲} = 6.2 \times d^2 \times h$,其中 d 为冲孔直径,h 为连皮厚度;$G_{料头}$ 为杆部拔长时可能会产生的料头损耗重量,$G_{料头} = 1.5d^3$,d 为拔出杆部的直径;$G_{飞边} = 7.8 \cdot \eta \cdot A_{飞边} \cdot l_{周}$,$\eta$ 为飞边槽充满系数,对旋转体或外形简单易充满件 $\eta = 0.2 ~ 0.5$,对非旋转体 $\eta = 0.4 ~ 0.7$,形状复杂的取上限,$A_{飞边}$ 为飞边槽截面积,$l_{周}$ 为锻件沿分模面的周长;

$G_{烧损}$——坯料在加热过程中,金属表面会因形成氧化皮而受到损失,这部分损耗主

要与加热次数、坯料面积、炉内气氛以及加热时间有关,所以很难准确计算,第一次加热取被加热金属质量的 2%~3%,以后各次加热取 1.5%~2.0%。

2) 坯料尺寸计算

已知坯料重量后,就需合理选择坯料高径比(高度为 L,直径为 D)。

(1) 对于要经镦粗制坯的锻件,在选择坯料尺寸时,为了避免镦弯以及满足下料和加热的高效率要求,坯料高径比应在 $1.25 \leqslant L/D \leqslant 2.5$ 范围内进行选择。

(2) 不经镦粗制坯的锻件,一般按锻件最大直径 D_{max} 来选择,并根据下述三种情况进行修正:

① 采用摔子(上下扣)滚摔头部时,坯料直径尺寸比最大直径稍小,取 $D = (0.95 \sim 1.0)D_{max}$;

② 只用拔长锻出台阶,经过摔光修整,其外径将会缩小,所以坯料尺寸应比最大直径略大,$D = (1.0 \sim 1.2)D_{max}$;

③ 需弯曲时,坯料截面积会有所缩小,因此坯料直径尺寸比最大直径稍大,一般取 $D = (1.02 \sim 1.05)D_{max}$。

3. 确定设备吨位

设备吨位太小,模膛充填不满,火次增多,生产率低;吨位过大,往往会引起模具破裂,砧面凹陷,设备动力消耗增大且不安全。一般制坯时所需设备吨位可比成形时低。

在闭式筒模内成形时,设备吨位按表7-13选择。

表 7-13　闭式筒模内成形时的设备吨位

设备吨位/t	锻件最大直径/mm
0.25	100
0.4	125
0.56	150
0.75	175
1	200

在开式筒模内成形时,同样的设备吨位,允许的锻件最大直径是在闭式筒模内成形的 1.1~1.2 倍。

合模成形时,同样的设备吨位,允许的锻件最大直径是在闭式筒模内成形的 1.1~1.2 倍。合模成形时锻锤设备吨位的选择可参考锤上模锻。

按上述方法选出的设备吨位比车间现有的设备吨位大时,应充分发挥胎模锻造的特点,采取局部锤击成形、增加预锻工序的变形力、终锻前再次加热等措施,来减少终锻时的变形力。

复习思考题

1. 自由锻工艺规程的制订包括哪些内容?

2. 钢的锻造温度是如何确定的?始锻温度和终锻温度过高和过低各有何问题?

3. 预锻模膛与终锻模膛的作用有何不同?什么情况下需要预锻模膛?飞边槽的作用是什么?

4. 改正图示模锻件结构的不合理之处。

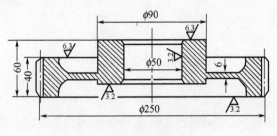

复习题 4 图

5. 图示零件采用锤上模锻制造,请选择最合理的分模面的位置。

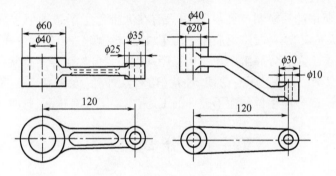

复习题 5 图

第八章 板料冲压

利用安装在冲床上的冲模,使板料产生分离或变形的加工方法称板料冲压。板料冲压通常是在冷态下进行的,故又称为冷冲压。只有当板的厚度超过 8~10mm 时,才采用热冲压。

板料冲压所用的原材料必须具有足够的塑性,常用的金属材料有低碳钢、铜合金、铝合金及塑性高的合金钢钢板等。

由于板料冲压所用的冲模制造复杂,所以只有在大批量生产条件下才采用。板料冲压生产率高,可冲出形状复杂的零件,广泛应用于汽车、拖拉机、航空、电器及仪表等行业中。

板料冲压的基本工序有分离工序和变形工序两大类。分离工序是指使板料的一部分与另一部分相互分离的工序,主要工序有剪切、冲裁(落料及冲孔)及修整等。变形工序是指使板料的一部分相对另一部分产生位移而不破坏的工序,主要工序有拉深、弯曲、翻边及成形等。

第一节 分离工序

一、剪切

剪切是使坯料按不封闭的轮廓分离的工序。剪切常在剪床上进行。对板料的剪切一般将刀片做成斜度为 2°~8° 的斜刃。图 8-1 所示为剪床传动图。

把大板料剪切成一定宽度的条料,供下一步冲压工序用。

二、冲裁

冲裁是使坯料按封闭的轮廓分离的工序。冲裁又分为落料和冲孔两种工序。落料和冲孔这两种工序的坯料变形过程是一样的,只是用途不同。落料是被冲下的部分为工件,而周边是废料;冲孔是被冲下的部分为废料,而周边是工件。

图 8-2 是落料用的简单冲模结构。条料在凹模上沿两个导向板之间送进,直至碰到定位销为止。当冲头向下冲时,冲下的零件进入凹模孔,条料则夹在冲头上,而在与冲头一起回程向上时,碰到卸料板(固定在凹模上)被推下,条料继续在导向板间送进,不断进行冲压。

为了达到冲裁的目的,凸、凹模具有锋利的刃口。

(一)冲裁时板料的变形过程

冲裁的过程是板料在冲模作用下发生弹性变形→塑性变形→断裂的过程。塑性变形开始阶段,板料挤入凹模,受挤压的部位表面光亮。变形达到一定程度时,位于凸凹模刃口处的材料硬化加剧,进而出现微裂纹。冲头继续下压,微裂纹扩展,当上、下裂纹相遇重合后,材料被剪断分离。分离面粗糙,称为剪裂带。

(二)凸凹模间隙

凸凹模的间隙值严重影响冲裁件的尺寸精度、冲裁力及模具寿命等。间隙值过大,分离面有毛刺,且较宽,受挤压的光亮带变窄。间隙值过小,剪裂带也会产生毛刺,且模具磨损大,冲裁费力。

间隙值控制在合理的范围内,上下裂纹才能重合,毛刺最小。合理的间隙值可按下述经验公式计算：

$$Z = mt$$

式中　　t——板料厚度(mm)；

　　　　m——与材料性能及厚度有关的系数,低碳钢 $m = 0.06 \sim 0.09$。

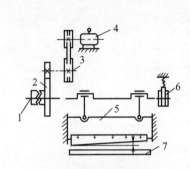

图8-1　剪床传动图

1—离合器；2—齿轮；3—带轮；4—电动机；
5—活块；6—制动器；7—下剪刃。

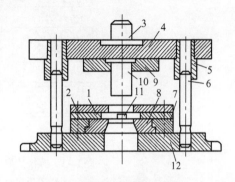

图8-2　简单冲模结构

1—导板；2—卸料板；3—模柄；4—上模板；5—套筒；
6—导柱；7—压板；8—凹模；9—压板；10—凸模；
11—定位销；12—下模板。

合理的间隙值 Z 也可以从冲压手册相关表中选取。此处 Z 为双边间隙值,单边间隙值为 $Z/2$。

（三）凸凹模刃口尺寸的确定

1. 落料模刃口尺寸的确定

落料时,落料件尺寸由凹模刃口尺寸决定,故应先按落料件尺寸确定凹模刃口尺寸,以凹模尺寸为基准,减去凸凹模之间的间隙值即为凸模尺寸,即

$$\begin{cases} 凸模尺寸 = 成品尺寸 - Z \\ 凹模尺寸 = 成品尺寸 \end{cases}$$

冲模在工作中必然会有磨损,落料件尺寸会随凹模刃口的磨损而增大,为提高模具的使用寿命,落料凹模刃口尺寸应靠近落料件公差范围内的最小尺寸。

例如,一落料件尺寸为 $\phi(100 \pm 0.1)$mm,凹模刃口尺寸则可以是 $\phi((100-0.1)^{+0.02}_{0})$mm,减去间隙值 Z 则为凸模刃口尺寸(本例模具尺寸公差下限为 0mm,上限为 0.02mm)。

2. 冲孔模刃口尺寸的确定

冲孔时,孔的尺寸由凸模刃口尺寸决定,故应先按孔的尺寸确定凸模刃口尺寸,取凸模作为设计基准件,然后加上凸凹模之间的间隙值即为凹模刃口尺寸,即

$$\begin{cases} 凸模尺寸 = 成品尺寸 \\ 凹模尺寸 = 成品尺寸 + Z \end{cases}$$

在冲裁过程中,凸模会磨损,为提高模具的使用寿命,冲孔时,选取凸模刃口尺寸应靠近孔的公差范围内的最大尺寸。

例如：冲孔件的孔径为 $\phi(100 \pm 0.1)$mm,则凸模刃口尺寸可以是 $\phi(100+0.1)^{0}_{-0.02}$mm,其中上限为 0、下限为 -0.02mm 是本例选取的模具公差。凸模刃口尺寸加上间隙值 Z 即为凹模刃口尺寸。

落料时,要注意合理的排样方法,尽量减少废料。有搭边排样切口平整,冲裁件尺寸准确,

但材料消耗多;无搭边排样材料利用率高,但尺寸不容易准确。对冲裁件质量要求不高时才采用无搭边排样。图 8-3 所示为两种排样法比较。

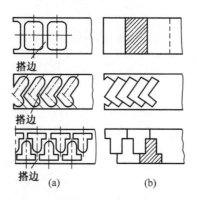

图 8-3 有搭边和无搭边的排样法

(a) 有搭边;(b) 无搭边。

冲裁时,还要进行冲裁力的计算。冲裁力是选用冲床吨位和检验模具强度的一个重要依据。冲裁力计算公式根据客观条件的不同可在冲压手册相应表格中查到。

三、修整

修整是利用修整模沿冲裁件外缘或内孔刮削一薄层金属,提高冲裁件尺寸精度和降低表面粗糙度值。修整的机理与冲裁完全不同,与切削加工相似。

第二节 变形工序

一、拉深

拉深是利用模具使冲裁后得到的平板坯料变形成开口空心零件的工序。拉深中通常用有压板的拉深,如图 8-4 所示。

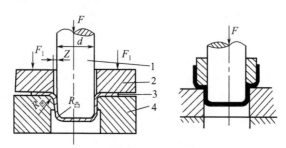

图 8-4 有压板的拉深

1—凸模;2—压板;3—工件;4—凹模;

$R_{凸}$—凸模圆角半径;$R_{凹}$—凹模圆角半径 ;Z—间隙值(单边);F_1—压板压力;F—拉深压力。

(一)拉深模结构特点

凹模工作尺寸与拉深件外形尺寸一致。设计拉深模时往往以凹模为基准,减去凸凹模之间的间隙来确定凸模的工作尺寸。

凸凹模间隙如图 8-4 中的 Z,一般取 $Z=(1\sim1.1)t$,其中 t 为板的厚度。可见拉深模间隙远比冲裁模的间隙大。

凸凹模的圆角半径,对于钢的拉深件,取 $R_凹=10t$。对于不同材料的拉深件,也可按下式经验公式计算:

$$R_凹=0.8\sqrt{(D-d)t}$$

式中　D——凹模直径;

　　　d——凸模直径;

　　　t——板厚。

也可以查表确定 $R_凹$。为使板料顺利进入拉深模,应使 $R_凹>R_凸$,且 $R_凸=(0.6\sim1)R_凹$。

模具公差应在最终的拉深模具中考虑,公差的确定既应保证拉深件尺寸合格,又应考虑模具寿命。在其他各次拉深中,模具公差可适当放宽。

(二) 拉深过程中板料的受力情况

把直径为 D 的平板坯料放在凹模上,在凸模作用下,板料被拉入凸模和凹模的间隙中,形成空心零件。拉深件的底部一般不变形,只起传递拉力的作用,厚度基本不变。形成零件直壁的那部分材料在拉深过程中主要受拉力作用,厚度有所减小。直壁与底部的过渡圆角部位拉薄严重。拉深过程中板料径向受拉,切向则受压应力的作用。

(三) 拉深废品

拉深废品一般有拉穿与起皱这两种常见缺陷,如图 8-5 与图 8-6 所示。

图 8-5　拉穿废品

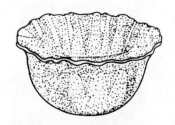

图 8-6　起皱拉深件

产生拉穿的原因有:凸凹模圆角半径太小,凸凹模之间的间隙值太小,凸凹模之间的润滑作用不佳,压板力太大和拉深系数 m 值太小。上述因素均引起拉深过程中拉应力增大从而导致拉穿。

这里引入了拉深系数的概念。所谓拉深系数是指拉深件的外径 d 与坯料直径 D 的比值,用 m 表示,即 $m=d/D$。拉深系数越小,表明拉深件直径越小,变形程度越大,坯料拉入凹模越困难。一般情况下,拉深系数 m 不小于 $0.5\sim0.8$。坯料的塑性差按上限选取,坯料的塑性好可选下限值。如果拉深系数过小,不能一次拉深成形时,则可采用多次拉深工艺。在多次拉深工艺中,每次拉深系数均不能小于 $0.5\sim0.8$,且拉深系数应一次比一次略大些。这是由于在多次拉深过程中,必然会产生加工硬化现象。必要时,在经一两次拉深后,应安排工序间的退火处理。多次拉深工艺如图 8-7 所示。

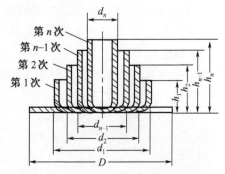

图 8-7　多次拉深时圆筒直径的变化

第一次拉深系数 m_1，$m_1 = d_1/D$；第二次拉深系数 m_2，$m_2 = d_2/d_1$……第 n 次拉深系数 m_n，$m_n = d_n/d_{n-1}$。总拉深系数 $m = m_1 \times m_2 \times m_3 \times \cdots \times m_n$，即总拉深系数为分次拉深系数的乘积。分次拉深时，应使 $m_1 < m_2 < m_3 < \cdots < m_n$。分次拉深系数可查表确定。

起皱是由于切向压应力造成的。判断板料在拉深过程中是否产生起皱的条件是：

（1）相对厚度 t/D 的值（t 为板厚，D 为坯料直径），当 $t/D \times 100 < 1.5$ 时，拉深过程中易起皱。

（2）拉深系数 m 太小时，也易起皱。防止起皱的最有效的办法是采用压板压住板料，如图 8-4 所示。压板的压力不能太大，否则会造成拉穿。

拉深力与压板力的确定可查冲压工艺手册，或按手册中的经验公式计算确定。选择设备时，应根据拉深力来确定。

二、弯曲

弯曲是坯料的一部分相对于另一部分弯成一定角度的工序，如图 8-8 所示。弯曲时板料内侧受压缩而外侧受拉伸，当外侧拉应力超过一定极限时，会造成金属破裂，称为弯裂。为防止弯裂，应使弯曲时弯曲方向与板料的纤维组织方向一致，且弯曲半径不得小于允许的最小弯曲半径 $r_{\min}$，$r_{\min} = (0.25 \sim 1)t$，$t$ 为坯料板的厚度。

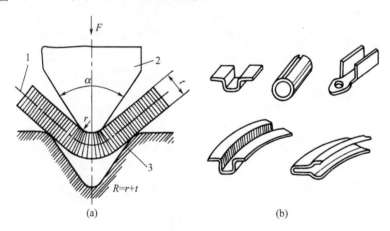

图 8-8　弯曲过程中金属变形简图

（a）弯曲过程；（b）弯曲产品。

1—工件；2—凸模；3—凹模。

在弯曲结束后，由于弹性变形的恢复，使被弯曲的角度增大，称为弯曲回弹现象。一般回弹角为 $0° \sim 10°$。在设计弯曲模时，必须使模具的角度比成品件的角度小一个回弹角。

三、翻边

翻边是带孔的平板坯料上用扩孔的方法获得凸缘的工序，如图 8-9 所示。翻边的前一道工序是冲孔。翻边凸模的圆角半径为 $r_凸 = (4 \sim 9)t$，t 为坯料的厚度。翻边前，冲孔直径为 d_0，翻边后直径为 d，翻边系数 K_0 为 $K_0 = d_0/d$。当 $K_0 < 0.65$ 时，一般易使孔边缘翻裂，这时可采用先拉深，后冲孔，再翻边的工艺来实现。

四、成形

成形是利用局部变形使坯料或半成品改变形状的工序，图 8-10（b）所示为增大半成品部分内径的成形简图。

利用板料制造各种产品零件时,各种工序的选择、工序顺序的安排以及各工序应用次数的确定,都以产品零件的形状和尺寸、每道工序中材料所允许的变形程度为依据。图 8-11 是汽车消声器零件的冲压工序。图 8-11 中的(a)为落料工序,(b)、(c)、(d)为分次拉深工序,(e)为顶部冲孔工序,(f)为顶部翻边工序,(g)为底部翻外边工序,(h)为冲槽工序。

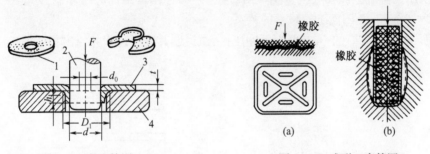

图 8-9　翻边简图
1—板料；2—凸模；3—工件；4—凹模。

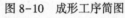

图 8-10　成形工序简图

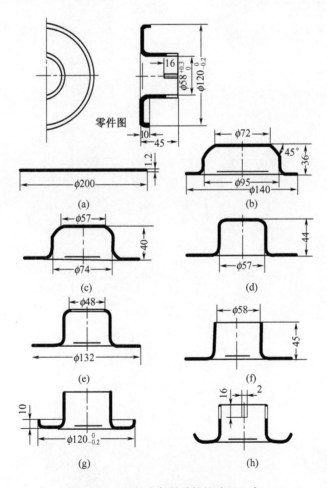

图 8-11　汽车消声器零件的冲压工序

复习思考题

1. 圆筒形工件拉深时,为什么会起皱? 在什么条件下容易起皱? 生产中常采用哪些防皱措施?

2. 图所示的金属垫圈在大批量生产时,应选用何种模具结构进行冲制,才能保证孔与外圆的同轴度? 确定其凸凹模工作尺寸的关系式。

3. 图所示为 2mm 厚的 Q235A 钢板冲压件,试说明其冲制过程并绘出相应的工序简图。

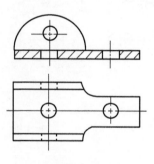

复习题 2 图   复习题 3 图

第三篇 焊接

两种或两种以上的材料(同种或异种)通过原子或分子之间的结合和扩散形成永久性联接的工艺过程叫做焊接。

焊接是一种重要的金属加工工艺。随着科学技术的不断发展,它已发展成为一门独立的学科,并广泛应用于航空、航天、原子能、化工、造船、海洋工程、电子技术、建筑、交通运输、电力和机械制造等工业部门。可以毫不夸大地说,没有现代焊接方法的发展,就不会有现代工业和高科技水平。一个国家的焊接技术发展水平往往也是一个国家工业技术现代化的标志之一。

第九章 电 弧 焊

第一节 概 述

电弧焊是利用电弧热来局部熔化被焊工件及填充金属,然后凝固成坚实接头的焊接方法。

电弧焊是现代焊接方法中应用最为广泛、最为重要的一类焊接方法。电弧焊在焊接生产劳动总量中所占比例一般在 60%以上。

一、焊接电弧

电弧是所有电弧焊接方法的基础。电弧焊在焊接方法中之所以占据着主要地位,一个重要的原因就是电弧能有效地、简便地把电能转换成焊接过程所需要的热能。

电弧虽然看上去像一团火,但它并不是一般的燃烧现象,这里既没有燃料也没有伴随燃烧过程的那些化学反应。电弧实质上是在一定条件下电荷通过两电极之间的气体空间的一种导电现象,或者说是在两电极间的气体介质中产生的强烈而持久的放电现象。

不论是固体、液体还是气体,能否呈现导电性能都取决于在电场作用下是否拥有可自由移动的带电粒子。金属本身拥有大量自由电子,所以只要加上电压,自由电子便产生定向运动,即形成电流。但是正常状态下的气体不含带电粒子,是由中性分子或原子组成,它们虽然可以自由移动,但不会受电场的作用而产生定向运动,故是不导电的。因此,要使正常状态的气体导电,必须先有一个产生带电粒子的过程,然后才能呈现导电性能。

在一定条件下,中性气体分子或原子分离为正离子和电子的现象称为电离。电离需要外加能量。从本质上讲有两种能量传递途径:一种是碰撞传递;另一种是光辐射传递。在实际的电弧焊过程中,通过粒子间的碰撞将能量传递给中性粒子并使之电离是电弧本身制造带电粒子以维持其导电的最主要的途径。通过光辐射传递则是次要的。

下面以焊条电弧焊为例说明引弧的过程和电弧的静特性曲线。

引弧时,焊条与工件瞬时接触造成短路。由于接触面的凹凸不平,只是在某些点上接触,因而使接触点上电流密度相当大。此外,由于金属表面有氧化皮等污物,电阻也相当大,所以接触处产生相当大的电阻热,使这里的金属迅速加热熔化,并开始蒸发。当焊条轻轻提起时,焊条端头与工件之间的空间内充满了金属蒸气和空气,其中某些原子可能已被电离。与此同时,焊条刚拉开的一瞬间,由于接触处的温度较高,距离较近,阴极将发射电子。电子以高速向阳极方向运动,与电弧空间的气体介质发生撞击,碰撞的结果使气体介质进一步电离,同时使电弧温度进一步升高,则电弧形成。只要这时能维持一定的电压,放电过程就能连续进行,使电弧连续燃烧。

电弧引燃后,弧柱中就充满了高温电离气体,放出大量的热能和强烈的光。电弧热量的多少与焊接电流和电压的乘积成正比。电流越大,电弧产生的总热量就越大。在一般情况下,阳极和阴极相比,由于阳极不需消耗使电子发射的能量,而且由阴极发射的电子高速撞击阳极时,传递给阳极的能量也较大,因此阳极所获得的能量略多于阴极。但当在细丝熔化极气体保护焊、使用含有 CaF_2 焊剂的埋弧焊或碱性焊条等情况下,与一般情况相比当用同一材料和同一焊接电流时,阴极将比阳极发热高。焊接电弧的组成如图9-1所示。

焊接电弧是焊接回路中的负载,它起着把电能转变成热能的作用,在这一点上它与普通的电阻有相似之处。但是当电弧燃烧时,电弧两端的电压与通过电弧的电流值不成正比。在电弧长度一定时,电弧两端的电压与焊接电流之间的关系称为电弧的静特性。表示它们关系的曲线叫做电弧的静特性曲线,如图9-2所示。

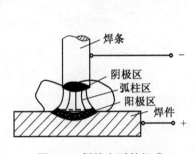

图9-1　焊接电弧的组成

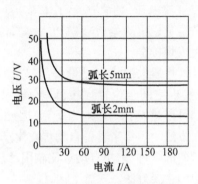

图9-2　电弧的静特性曲线

从图9-2中可以看出,在一定的电弧长度下,当焊接电流在小于30~50A时,要求电弧的燃烧电压较高,此时的电弧电压取决于焊接电流的大小;当焊接电流大于30~50A时,随着焊接电流的增大,电弧的温度升高,增强了气体的电离作用,此时维持电弧燃烧所需的电弧电压降低;若继续增大焊接电流,则只是增加对焊条的加热和熔化程度,而对电弧电压的影响极小,此时的电弧电压几乎与焊接电流的大小无关,主要与弧长有关。电弧越长,焊接电流通过时所遇到的阻力也就越大,电弧的电压越大。

二、焊接的化学冶金过程

电弧焊时,焊接区内各种物质之间在高温下相互作用的过程称为焊接化学冶金过程。

电弧焊时由于热作用,涂药焊条或光焊条(焊丝)熔化,通常以滴状形式穿过电弧下滴。在焊条熔化的同时,被焊金属(母材)也发生局部熔化,在母材上由熔化的焊条和母材组成具有一定几何形状的液体金属叫作熔池。

熔池存在的时间较短,随着热源的离开便冷却凝固。但由于焊接电弧和熔池金属的温度高于一般的冶金温度,因此使金属元素强烈蒸发、烧损,并使电弧区气体分解呈原子状态,增大了气体的活泼性;金属熔池体积小,冷却速度快,致使各种化学反应难以达到平衡,有时气体杂质来不及浮出。例如,用低碳钢光焊条在空气中进行无保护电弧焊焊接钢板时,由于熔化金属和周围空气激烈地相互作用,使焊缝金属中氧和氢的含量显著增加,同时锰、碳等有益合金元素因蒸发、烧损而减少。这时焊缝金属的塑性和韧性急剧下降。此外,用光焊条焊接时,电弧不稳定,还会出现气孔。因此,光焊条无保护焊接、无实用价值。

为了提高焊缝的质量,就必须尽量减少焊缝金属中有害的杂质和有益合金元素的损失,使焊缝金属保持合适的化学成分。电弧焊时必须进行保护。例如手工电弧焊焊条的药皮、埋弧焊的焊剂、气体保护焊的保护气体都能对焊缝金属起一定的保护作用。

第二节　手工电弧焊

手工电弧焊是利用涂药焊条与被焊工件之间产生的电弧热,手工操作进行的焊接方法,也叫做焊条电弧焊,是最常用的焊接方法。焊接示意图如图9-3所示。即在涂药焊条和被焊工件之间施加交流或直流电压,使之产生了电弧,利用电弧的热把焊条熔化成熔滴熔敷在熔池中,与母材的一部分共同组成焊接金属。

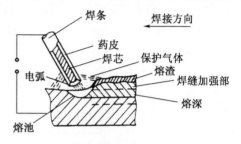

图9-3　焊条电弧焊示意图

手工电弧焊最大的优点是设备简单,操作方便灵活,并可实现空间全位置焊接,即平焊、立焊、横焊和仰焊都可以进行,如图9-4所示,因此是应用最广的焊接方法。近年来各种自动焊在生产中被不断推广使用,但对一些形状复杂、尺寸小、焊缝短或弯曲的焊件,采用自动焊比较困难。因此,无论在国内还是国外,手工电弧焊仍然是焊接工作中的主要方法。

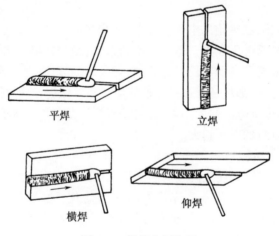

图9-4　焊缝空间位置

一、电焊条

(一) 焊芯

电焊条由金属芯和外层涂敷的药皮两部分组成。焊接时,焊芯有两个功用:一是传导焊接电流,产生电弧;二是焊芯本身熔化形成焊缝中的填充金属。焊芯的长度也就是焊条的长度,一般焊条的长度在200~450mm之间,焊条的长短主要取决于焊芯的直径、材质等因素。例如,直径粗的焊条,因其焊芯电阻小,施焊时,药皮不易因焊芯发红而脱落,所以直径粗的焊条一般都做得长些;但不锈钢焊条,因焊芯的电阻较大,焊接时焊条易发红,药皮易脱落,所以不锈钢焊条的长度普遍都做得短些。

所谓焊条直径是对焊芯的直径而言。实际生产中应用最广泛的焊条直径(mm)为2、2.5、3.2、4.0、5.0和6.0六种规格。

焊条的夹持端大约长15~25mm,无药皮,保持焊芯原来的光面,用此将焊芯夹持于焊接手把之中。焊条的另一端为引弧端,引弧的端面应露在药皮之处,保证引弧的顺利和方便。电焊条示意图如图9-5所示。焊条尺寸列于表9-1中。

表9-1　低碳钢及低合金高强度
结构钢焊条尺寸　　单位:mm

焊条直径	焊条长度	夹持端长度
1.6	200,250	
2.0	250,300	15±5
2.5	250,300	
3.2	350,400	
4.0	400,450	20±5
5.0	400,450	
6.0	400,450,500,550	25±5

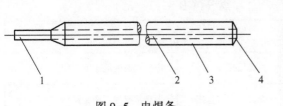

图9-5　电焊条
1—夹持端;2—焊芯;3—药皮;4—引弧端。

焊芯金属相比一般用途的钢材有较严格的质量要求,一般焊芯中硫、磷含量(质量分数)小于0.04%,所以焊芯钢材都是钢厂专门冶炼的。做焊芯用的钢丝有低碳钢焊丝、合金结构钢焊丝和不锈、耐热钢焊丝。焊条制造中用得最广的是低碳钢焊芯H08、H08A。牌号中的"H"表示焊接用钢芯,其后的数字表示含碳量范围。如H08A中的"08"表示该焊条钢芯的含碳量 $w_c = 0.08\%$ 左右。H08Mn的钢芯则表示焊条钢芯的主要合金元素为锰,其含量在1%左右。带有字母"A"的焊条钢芯,则表示该焊芯质量高,硫、磷含量(质量分数)不超过0.03%。

（二）药皮

焊条药皮由稳弧剂、造渣剂、脱氧剂、造气剂、合金剂及黏结剂等组成。药皮均匀地包覆在焊芯周围,其作用可以从以下几方面分析。

1. 稳弧作用

在焊条药皮中加入稳弧剂,可提高电弧燃烧的稳定性。易电离的物质均有稳弧的作用。一般稳弧剂多采用钾（K）、钠（Na）和钙（Ca）的化合物。钾、钠和钙等元素,其电离电势均很低,焊条药皮中含有这些低电离电势的物质后,能改善电弧空间气体电离的条件,使焊接电流容易通过电弧空间,因而可大大增加电弧燃烧的稳定性。

2. 保护作用

焊条药皮里的造气剂是形成保护气体的主要物质,一般造气剂有两种:一种是有机物质,如面粉、木屑等;另一种是碳酸盐类矿物质,如大理石等。

有机类造气剂在焊接时,当温度达到250℃以上便分解出 CO、H_2;矿物类的造气剂在焊接时也要受热分解,形成大量 CO_2 气体。由一氧化碳、二氧化碳及氢等组成的保护气体可以排挤掉焊接区周围的空气,从而避免焊缝金属发生氮化和氧化。但是,手工电弧焊时,保护气体中的氢一旦侵入焊缝金属,会使焊缝金属产生气孔、裂纹等缺陷。

焊条药皮里的造渣剂是形成熔渣保护的主要物质。焊条药皮中的造渣剂有钛铁矿（$FeO \cdot TiO_2$）、金红石（TiO_2）、赤铁矿（Fe_2O_3）、大理石（$CaCO_3$）等,在焊接电弧作用下,这些物质熔化形成黏稠状的焊接熔渣。熔渣覆盖在熔池上,使熔化金属与周围气体隔离,同时,使焊缝金属的结晶处于缓慢冷却之中,改善了结晶条件。

3. 冶金处理作用

药皮同焊芯配合,通过冶金反应,以便去除杂质,保护或渗入有益合金元素,保证焊缝金属脱氧,以提高焊缝金属的力学性能。

根据药皮配方的不同,药皮类型也不同。根据 GB 5117—85 碳钢焊条型号划分及说明,碳钢焊条型号、药皮类型及主要成分如表 9-2 所列。

表 9-2 碳钢焊条、药皮类型及主要成分(GB 5117—85)

焊条型号	药皮类型	主要成分	焊接电源	用 途
E4310	高纤维素钠型	纤维素 30% 左右	直流反接	焊接一般的低碳钢结构
E4320	氧化铁型	氧化铁及锰铁脱氧剂	交流或直流正接	焊接重要的低碳钢结构
E4301	钛铁矿型	钛铁矿≥30%	交流或直流正、反接	焊接较重要的低碳钢结构
E4312	高钛钠型	氧化钛 30% 左右,钠水玻璃作黏结剂	交流或直流正接	焊接一般的低碳钢结构或薄板结构
E4322	氧化铁型	与 E4320 相近	交流或直流正、反接	焊接低碳钢的薄板结构
E4313	高钛钾型	氧化钛 30% 左右,钾水玻璃作黏结剂	交流或直接正、反接	焊接一般的低碳钢结构或薄板结构
E4324	铁粉钛型	氧化钛 30% 左右,添加铁粉	交流或直流正、反接	焊接一般的低碳钢结构
E4327	铁粉氧化铁型	在 E4320 基础上添加适量铁粉	交流或直流正接	焊接较重要的低碳钢结构
E4315	低氢钠型	碳酸盐矿石和氟石,碱度较高	直流反接	焊接重要的低碳钢结构
E4316	低氢钾型	在 E4315 基础上添加钾水玻璃	交流或直流反接	焊接重要的低碳钢结构
E5018	铁粉低氢型	铁粉约 20% ~ 40%,碳酸盐、氟石、碱度较高	交流或直流反接	焊接重要的低碳钢结构

在表 9-2 中,E4315、E4316、E5018 三种型号焊条均含有氟石,熔渣碱度较高,属碱性焊条。熔渣中酸性物质较多的属酸性焊条,如 E4313、E4324 等型号焊条。

使用酸性焊条时,焊缝力学性能,特别是冲击韧度与塑性较低。但酸性焊条对铁锈、油污及水分的敏感性不大,所以这类焊条焊接前可省掉对焊边的清理工序。

碱性焊条与酸性焊条相比,因药皮中不含有机物造气剂,所以其保护气氛中含氢量极低。这些含量极低的氢气也是因清理不慎从焊件上的油、锈和氧化皮等脏物或焊条受潮时带入的。在一般情况下,药皮中的氟石(CaF_2)高温时能分解出氟(F),氟能夺取氢生成氟化氢(HF),从而除去氢的有害影响。因此用碱性焊条焊接时焊缝中含氢量极低,又称低氢焊条。

碱性焊条配方中的大理石($CaCO_3$)不仅是造渣剂,同时也是造气剂,其保护气氛中主要含二氧化碳和一氧化碳等,该焊条所形成的保护气氛略带有氧化性。

必须注意的是,使用低氢焊条时,焊接前一定要烘干焊件,仔细清理焊件坡口,不允许残留有油、锈和氧化皮等脏物,否则将会引起焊接区保护气氛中氢量的增加,导致焊缝金属产生氢气孔等缺陷。

碱性低氢焊条含有大量的氟石,焊接时氟(F)的粉尘有害于焊工的健康,因而应加强现场的通风排气。

(三) 焊条的分类与型号编制

现举例说明焊条的分类与型号编制方法。

碳钢焊条(GB 5117—85) 例:E4315

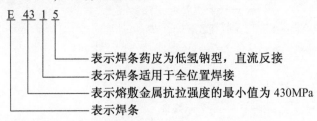

不锈钢焊条(GB 983—85) 例:E1-23-13Mo2-15

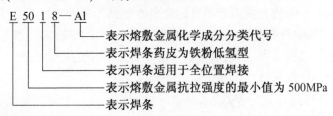

注:含碳量不大于0.10%用"0"表示;
含碳量不大于0.15%用"1"表示;
含碳量不大于0.20%用"2"表示;
含碳量不大于0.45%用"3"表示。

若熔敷金属中含有其他重要合金元素,当元素平均含量低于1.5%时,型号中只标明元素符号,而不标注具体含量;当元素平均含量等于或大于1.5%、2.5%、3.5%…时,一般在元素符号后面相应标注2、3、4等数字。

堆焊焊条(GB 984—85) 例:EDRCrW-15

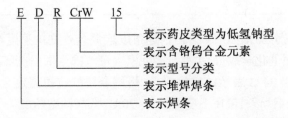

铝及铝合金焊条（GB 3669—83） 例：TAlSi

```
T  AlSi
   └─── 表示焊芯化学组成为铝硅合金
└────── 表示焊条
```

铜及铜合金焊条（GB 3670—83） 例：TCuSi

```
T  CuSi
   └─── 表示熔敷金属化学组成为硅青铜
└────── 表示焊条
```

铸铁焊条（GB 10044—88） 例：EZNi

```
E  Z  Ni
      └─── 表示焊芯为纯镍
   └────── 表示铸铁焊条
└───────── 表示焊条
```

上述各类焊条型号是以 20 世纪 80 年代以来修订的焊条国家标准为依据的。但是，根据原国家标准 GB 980—76 中的有关内容而具体命名的各类焊条牌号已为广大用户及焊工所熟悉，故有必要说明：焊条牌号通常以一个汉语拼音字母与三位数字表示，拼音字母表示焊条各大类（表9-3），后面三位数字中，前面两位数字表示各大类中的若干小类，第三位数字表示各种焊条牌号的药皮类型（表9-4）。

表9-3 焊条大类划分

序号	代号		焊条大类	序号	代号		焊条大类
	拼音	汉字			拼音	汉字	
1	J	结	结构钢焊条	6	Z	铸	铸铁焊条
2	R	热	耐热钢焊条	7	Ni	镍	镍及镍基焊条
3	G	铬	不锈钢焊条	8	T	铜	铜及铜合金焊条
	A	奥	铬镍不锈钢焊条	9	L	铝	铝及铝合金焊条
4	D	堆	堆焊焊条	10	TS	特	特殊用途焊条
5	W	温	低温钢焊条				

表9-4 焊条牌号中第三位数字的含意

焊条牌号	药皮类型	焊条牌号	药皮类型
□××0	不属已规定类型	□××5	纤维素型
□××1	氧化钛钾型	□××6	低氢钾型
□××2	钛钙型	□××7	低氢钠型
□××3	钛铁矿型	□××8	石墨型
□××4	氧化铁型	□××9	盐基型

各大类中的小类区分原则如下：结构钢焊条以熔敷金属抗拉强度等级为依据；耐热钢和不锈钢焊条以熔敷金属的化学成分、主要合金元素含量范围为依据；低温钢焊条以熔敷金属的使用温度为依据。例如，J422 表示结构钢焊条，熔敷金属的抗拉强度为大于 420MPa，钛钙型药皮。W707 表示低温钢焊条，使用温度等级为-70℃，低氢钠型药皮。

（四）焊条的选用原则

焊条的种类很多，各有其应用范围，使用是否恰当对焊接质量、劳动生产率及产品成本都有很大影响。在选用焊条时应注意下列原则。

1. 考虑焊件的力学性能、化学成分

（1）低碳钢、中碳钢和低合金钢可按其强度等级来选用相应的焊条，一般都要求熔敷金属与母材等强度。唯有在焊接结构刚性大和受力情况复杂时，应选用比钢材强度低一级的焊条。这样可以保证焊缝既有一定的强度，又能得到满意的塑性，以避免因结构刚性过大而使焊缝撕裂。常用的碳素结构钢焊条选用参考表9-5。

表9-5 常用的碳素结构钢焊条选用表

钢 号	焊 条 牌 号 的 选 用	
	一般结构	动载荷、复杂结构、受压容器
Q235A(A₃)	J421,J422,J423,J424,J425	J426,J427
Q255A(A₄)		
Q275A(A₅)	J426,J427	J506,J507
0、8、10、15、20、25	J422,J423,J424,J425	J426,J427,J506,J507
30、35、40、45	J426,J427	J506,J507,J606,J607

（2）在焊条的强度确定后再决定选用酸性还是碱性焊条，这主要取决于焊接结构具体形状的复杂性、钢材抗裂性、刚性以及焊件载荷情况等。一般说来，对于塑性、冲击韧度和抗裂性能要求较高的焊缝都应选用碱性焊条。

（3）异种钢的焊接如低碳钢与低合金钢、不同强度等级的低合金钢焊接，一般选用与较低强度等级钢材相匹配的焊条。

（4）其他有特殊性能的钢种的焊接，应选用相应的专用焊条。非铁金属的焊条电弧焊接选用相应的焊条。

2. 考虑焊件的工作条件，使用性能

（1）对于工作环境有特殊要求的焊件，应选用相应的焊条，如低温焊条。

（2）珠光体耐热钢一般选用与钢材成分相似的焊条，或根据焊件的工作温度选取。

3. 考虑简化工艺、提高生产率、降低成本

（1）在满足焊件使用性能和焊条操作性能的前提下，应选用规格大、效率高的焊条。

（2）在使用性能基本相同时，应尽量选择价格较低的焊条，降低焊接生产的成本。

（3）使用碱性焊条时，要求对焊件进行严格清理。当焊件坡口无法清理或在坡口处存有油、锈及氧化皮等脏物时，应选用酸性焊条。

（4）若焊接现场只有交流弧焊机，就应选用适合交流弧焊机的焊条，否则将使焊接无法进行。酸性焊条交直流焊接电源都可使用，但含较多氟石的低氢型焊条则只能选用直流焊接电源。

（5）一般酸性焊条比碱性焊条便宜，从降低成本考虑，在使用性能基本相同的情况下，应尽量选用酸性焊条。

（6）为了保障焊工的身体健康，在允许的情况下应尽量多采用酸性焊条。

二、手工电弧焊设备

对焊接电弧供电的设备叫做电弧焊电源。手工电弧焊电源设备分两大类：交流弧焊机和直流弧焊机。

在电弧焊时，电源起供电作用，电弧是电源的负载，因此电弧焊电源必须满足弧焊工艺提出的一系列要求。

在引弧时，由于气体介质尚未电离，为了便于引燃电弧，就必须增强电场致电子发射的能力，这样就需要电源在引弧时提供较高的空载电压，而当电弧稳定燃烧时，维持电弧燃烧的电压比引弧电压小。在手工电弧焊时，由于焊工手的抖动等原因，弧长免不了要发生变化，这就要求在电弧长时，电源电压要高；电弧短时，电弧电压相应降低。

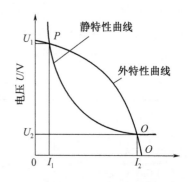

图9-6 电焊机外特性曲线

根据焊接电弧的静特性，为了满足电弧焊接的需要，电焊机必须具有降压的外特性曲线，如图9-6所示。这样才能保证引弧时供给较高的电压 U_1 和较小的电流 I_1。当电弧稳定燃烧时，焊接电流增大到 I_2，而电压急剧下降到 U_2。

从图中可以看出，电弧静特性曲线和电焊机的外特性曲线相交于两点，P 点是电弧引燃点，O 点是电弧稳定燃烧点。电弧在稳定燃烧点所示的电压和电流就是电弧燃烧电压和焊接电流值。

为了使电弧长度发生变化时，焊接电流变化很小，从而保证均匀地熔化焊条。同时在焊接过程中，经常会产生短路现象，为了保障电焊机不因短路电流过大而烧坏，当短路时电焊机电压自动降到接近于零。另外，为了保证电弧稳定燃烧，焊机的电压还必须能随电弧长度变化而迅速变化。电焊机陡降的外特性曲线是能满足上述要求的。

（一）交流弧焊机

交流弧焊机是具有陡降外特性的一种特殊的变压器。为了引弧方便，安全起见，电焊机的空载电压（引弧电压）为 60~80V。引弧以后电压会自动降到电弧正常工作所需的 20~30V 电压。在引弧或焊接过程造成短路时，电焊机的电压会自动降到趋近于零。它还能供给焊接所需要的电流，一般从几十安培到几百安培，并可根据工件的厚薄和所用焊条直径的大小任意调节所需电流值。调节电流一般分为两级：一级是粗调，常用改变输出线头的接法，从而通过改变内部线圈的圈数来实现电流的大范围调节；另一级是细调，常用改变电焊机内可动铁心或可动线圈的位置来使焊接电流调到焊接所需的值。注意，有的焊机调节则只有一级。

常用的交流弧焊机的型号有 BX1-135、BX1-330、BX2-500、BX3-150、BX3-300 及 BX3-500 等。"B"表示弧焊变压器，"X"表示具有下降的外特性，字母后面的数字表示变压器类别（动铁式用1表示、同体式用2表示、动圈式用3表示），后面三位数字表示额定焊接电流值。

（二）直流电焊机

直流电焊机供给焊接用直流电，常用的有两大类。

1. 发电式直流电焊机

发电式直流电焊机也叫做旋转式直流电焊机，是由一台具有满足焊接要求的直流发电机供给焊接电流。发电机由一同轴的交流电动机带动，二者装在一个壳体里，组成一台直流电焊机。其基本原理与一般的直流发电机一样,当电枢转动时,其绕组切割由激磁系统所产生的磁通而感应电势,整流发电。

常用的发电式直流电焊机的型号有 AX-300、AX1-165、AX1-500、AX3-300、AX3-500 和 AX4-300 等。"A"表示发电式直流电焊机,"X"表示具有下降的外特性,AX 后的数字表示类别(AX 后不带数字表示三电刷裂极式,3 表示间极去磁式,1 表示三电刷差复激式),后面三位数字表示额定焊接电流。

2. 手弧焊整流器

手弧焊整流器是一种将交流电变为直流电的手弧焊电源。与旋转式直流弧焊机比较,它具有噪声小(因无旋转部分)、空载损耗小、效率高、成本低以及制造和维修容易等特点。这类整流器多采用硅元件作为整流元件,这类焊机也叫做硅整流弧焊机。

常用的焊接硅整流器的型号有 ZXG-200、ZXG-300 和 ZXG-500 等。"Z"表示焊接整流器,"X"表示具有下降外特性,"G"表示用硅整流元件,最后三位数表示额定焊接电流。

手弧焊机的外观如图 9-7 所示。

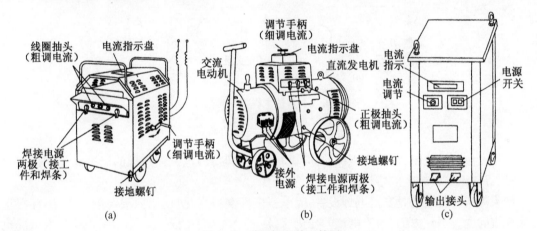

图 9-7 手弧焊机外观简图

(a) 交流弧焊机;(b) 发电式直流焊机;(c) 整流式直流焊机。

除上述交流弧焊电源与直流弧源电源外,20 世纪 80 年代初又研制出弧焊逆变器。弧焊逆变器是一种新型的弧焊电源,采用了较复杂的变流顺序:工频交流电→直流电→中频交流电→降压→交流电或直流电。主要思路是将工频交流电变为中频交流电之后再降至适于焊接的电压,这样做可以带来许多优点:

(1) 重量轻、体积小。

(2) 高效节能。空载损耗极小,效率为 80% ~ 90%。

(3) 具有良好的动特性和焊接工艺性能。由于采用了电子控制电路,易于获得各种焊接工艺所需的外特性,并具有良好的动特性。

如 ZX7-250 型弧焊电源就是晶闸管式逆变弧焊器,其中 7 表示空载电压为 70V,250 表示额定焊接电流为 250A。

(三) 焊机的选择

1. 焊机类别的选择

有些焊接产品常要求选用药皮中含有较多氟化物的焊条,这些焊条又只能用直流焊机来焊接;有的单位电网容量很小,并要求三相均衡用电;有的焊机同时还想用于碳弧焊、等离子弧切割等。在上述情况下应选用直流手弧焊机(发电式或整流式)。其余情况下应尽量采用交流手弧焊变压器。

2. 焊机容量的选择

焊接时的主要参数是焊接电流。因此,按照需要的焊接电流并对照焊机型号后面的数字选择焊机容量就可以了。

三、手工电弧焊工艺

(一)电弧极性的选择

在焊接过程中,弧焊机的两个极分别接到焊条和焊件上,形成一个完整的焊接回路。对直流电焊机来说,一个极为正极,一个极为负极。电焊机的正负极是固定的,所以电弧也有固定的正负极。如果把电源的正极接于工件,负极接于焊条,这种接法称为直流正接法。反之,工件接直流焊机的负极,焊条接正极,称为直流反接法,如图9-8所示。

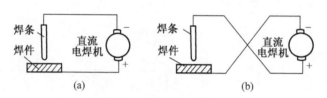

图9-8 直流电焊机的接法
(a)正接法;(b)反接法。

采用直流正接法时,工件为正极,当电极材料相同时,因电弧阳极区的温度高于阴极区温度,所以焊件可获得较大的熔深。

如果焊接时使用的是交流电焊设备,因电弧极性交替变化,所以两极温度一样,不存在正接或反接问题。另一方面,由于电流的变化,弧柱区带电粒子的浓度及电极的电子发射情况也必然随之变化,从而影响电弧的稳定性。直流电焊机焊接时,电弧的稳定性比交流的好。

在选用极性接法时,主要是根据焊条的性质和焊件所需的热量来决定。

当焊接重要的结构时选用药皮中含有较多氟化物的焊条,如选用 J507、J557 等低氢型焊条,规定要使用直流反接法。这是因为氟石(CaF_2)中的氟,其电子亲和能很大(3.94eV),当采用直流正接法时,焊条为阴极,引弧困难,电弧稳定性下降。

另一方面,氢是以离子形态熔于熔池的,当熔池为负极时,它发射的大量电子使熔池表面的氢离子又复合为原子,因而减少了进入熔池的氢离子数量。所以采用直流反接时,焊缝中的含氢量比正接时要少 3~5 倍,产生氢气孔的倾向减小。

再者,由于交流电弧电流的变化,其弧柱直径事实上也随电流的变化而变化,即时而膨胀,时而收缩,从而引起周围气体激烈的波动,容易使周围空气卷入电弧空间而破坏有效保护。因此,在相同保护条件下,交流电弧焊焊缝的含氢量往往比直流电弧焊时的高。选用低氢焊条的目的是为了减少焊缝的含氢量,从这个意义上来说,选用直流焊机比选用交流焊机的效果好。

选用酸性焊条时(如 J××1,J××2,J××3,J××4,J××5),或药皮中含较少氟石的碱性焊条时(J××6),则可采用直流或交流电焊机。

采用直流电焊机焊厚钢板时,因正接法可以使焊接件得到较大的熔深,一般均采用正接法,而焊接铸铁、非铁金属及薄钢板等焊件时,则采用反接法。

(二) 焊接规范的选择

手工电弧焊的焊接规范通常指焊条牌号、焊条直径、焊接电流和焊接层数。由于焊接结构的材质、工作条件、尺寸形状及焊接位置不同,所以选择的焊接规范也有所不同。

1. 焊条牌号

焊条牌号的选择应根据焊条选用原则来确定。焊条牌号确定以后就可决定电源种类及电弧极性。

2. 焊条直径

焊条直径主要取决于焊件的厚度,厚度越大所选用的焊条直径越粗。但厚板对接接头坡口内(接头及坡口形式参看第四章),第一层焊接时,为了防止产生未焊透的缺陷,应采用直径为 3.2~4mm 的焊条,以后各层则根据焊件厚度,选用较大直径的焊条。根据焊件厚度选定焊条直径可参照表9-6中的数据选用。

表9-6 根据焊件厚度选定焊条直径

焊件厚度/mm	2	3	4~5	6~12	>13
焊条直径/mm	2	3.2	3.2~4	4~5	4~6

其次,焊条直径与焊接接头形式、焊缝位置等因素也有一定关系。例如,立焊焊条直径最大不超过5mm,仰焊则不超过4mm。这是为了形成较小的熔池,减少熔化金属的下淌和便于操作。

3. 焊接电流

焊接电流过小会导致未焊透和夹渣缺陷,且生产率低;增大焊接电流可提高生产率,但电流过大会造成焊缝咬边、烧穿等缺陷,同时增加了金属的飞溅,有时焊条发红、药皮脱落。因此焊接电流的选择要适当。

焊接电流大小主要取决于焊条直径和焊缝位置。表9-7可供焊接钢材选择电流时参考。

表9-7 各种直径电焊条选用的电流值

焊条直径/mm	1.6	2.0	2.5	3.2	4.0	5.0
焊接电流/A	25~40	40~65	50~80	100~130	160~210	200~270

焊接平焊缝时,由于移动焊条和控制熔池中的熔化金属都比较容易,因此可选用较大的电流进行焊接。但在其他位置焊接时,为了避免熔化金属从熔池中流出,要使熔池的面积尽可能小些,通常立焊时选用的电流比平焊时减少10%~15%,而仰焊时要减少15%~20%。

总之焊接电流的选择,要求在保证质量的前提下尽量大些,以提高生产率。

4. 焊接层数

在中厚钢板手弧焊时,往往采用多层焊。层数过少,每层焊缝厚度过大时,对焊缝金属的塑性有不利影响。一般每层厚度最好不大于4~5mm。

另外,焊接速度、电弧长度对焊接质量也有一定的影响,在焊接过程中应根据具体情况调整。

第三节 埋弧自动焊

埋弧焊也叫作潜弧焊,是把光焊丝插入粒状焊剂中,引弧后电弧埋在焊剂层下而进行的电弧焊接方法,如图9-9所示。

埋弧自动焊在焊接时,引弧、送丝及焊接电弧的移动和熄弧等均是自动进行的,所用设备为埋弧自动焊机。

一、埋弧焊的特点及应用范围

埋弧自动焊与手工电弧焊相比有下列优点。

(1)生产率高,手工电弧焊时,焊接电流通过整根焊条,当焊接电流过大时,除飞溅增加外,还会造成焊条过热,使焊条药皮失效,导致焊缝中产生气孔,并严重地破坏焊缝成形。埋弧焊时,焊丝从导电嘴伸出的长度较短,这样就可以使用较大的焊接电流。由于使用了大电流,使单位时间内焊丝的熔化量显著增加,焊

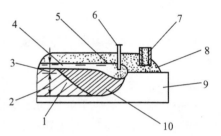

图9-9 埋弧焊焊接原理
1—凝固金属;2—熔深;3—焊缝加强部;
4—凝固熔渣;5—熔融渣;6—焊丝;7—送料斗;
8—粒状焊剂;9—母材;10—熔融金属。

缝的熔深也增加,20mm厚的焊件不开坡口也能焊透,从而使焊接生产率显著提高。

(2)焊缝质量好,由于焊剂对电弧空间的有效保护,防止了空气的侵入,焊缝的化学成分和性能比较均匀。由于熔深较大,不易产生未焊透的缺陷,同时也消除了手工焊中因更换焊条而容易引起的一些缺陷。埋弧焊焊缝表面光洁平直。

(3)节省材料,埋弧焊由于焊剂保护,金属飞溅少,消除了手工焊中焊条头的损失。较厚的板不开坡口可一次焊成,因不开坡口,焊缝中焊丝的填充量显著减少。因此,埋弧焊可节省材料。

(4)改善劳动条件,埋弧焊消除了弧光对人体的有害作用,埋弧焊放出的有害气体较少。自动焊机减轻了工人劳动强度。

埋弧自动焊的缺点如下。

(1)由于埋弧焊是依靠颗粒状焊剂堆积形成保护条件,因此主要适用于水平焊缝焊接。国外采用特殊的机械装置,实现了埋弧焊的横焊、立焊和仰焊。

(2)只适于长焊缝的焊接。短焊缝焊接用手工电弧焊效率反而高。

(3)由于电流强度大,不适合焊接厚度小于1mm的薄板。

(4)由于焊剂主要成分是 MnO、SiO_2 等金属及非金属氧化物,与涂药焊条电弧焊一样,难以用来焊接铝、钛等氧化性强的金属及其合金。

埋弧焊主要应用于碳素结构钢、低合金结构钢、不锈钢及耐热钢等的焊接中。在锅炉、造船、桥梁、起重及冶金行业应用最广泛。

二、焊接材料选用

埋弧焊的焊接材料主要指焊剂和焊丝,它们相当于焊条的药皮和焊芯,对焊缝的化学成分和性能起重要作用,因此正确选配焊接材料是十分重要的。

(一)焊剂

1. 分类

焊剂的分类有许多方法。按被焊材料分类,可分为钢用焊剂和非铁金属用焊剂;按焊接方

法分类,可分为埋弧焊焊剂和电渣焊焊剂;按焊剂的制造方法分类,可分为熔炼焊剂和非熔炼焊剂;按氧化物性质分类,可分为酸性焊剂、中性焊剂和碱性焊剂;按 SiO_2 含量分类,可分为高硅焊剂($w_{SiO_2}>30\%$)、中硅焊剂($w_{SiO_2}=10\%\sim30\%$)和低硅焊剂($w_{SiO_2}<10\%$)等。

2. 组成

熔炼焊剂是将各种原料按比例配成炉料,然后放到电炉或火炉中熔炼而成的。熔炼焊剂的化学成分是由一些氧化物和氟化物组成的(如 SiO_2 、Al_2O_3 、MnO 、MgO 及 CaF_2 等)。

非熔炼焊剂又分为陶质焊剂和烧结焊剂两种。陶质焊剂的组成完全不同于熔炼焊剂。它和焊条药皮的组成极其相似,是由三类物质组成的,即矿物、铁合金和化工产品。与焊条药皮的不同之处只是陶质焊剂中不需加有机物造气。因为电弧埋在焊剂下边,焊剂本身就有隔离空气的作用。陶质焊剂是将各种粉料(矿物、铁合金和化工产品等)按配方规定的比例混拌在一起,然后加水玻璃制成湿料,再把湿料制成一定尺寸的颗粒(一般为 0.5~2mm)烘干以后就可使用。烘干温度为 350~500℃。

烧结焊剂与陶质焊剂类似,只是把湿料压成块,然后在较高温度下烧结。烧结温度为 750~1000℃。烧结以后破碎成一定尺寸的颗粒即可使用。

3. 性能及选用

焊剂应具有良好的冶金性能。在焊接时,配以适当的焊丝和合理的焊接工艺,焊缝金属应能得到适宜的化学成分和良好的力学性能以及较强的抗裂能力。

焊剂应具有良好的工艺性能,电弧燃烧稳定,熔渣具有适宜的熔点、黏度和表面张力。焊缝成形良好、脱渣容易以及产生的有毒气体少。

要满足上述性能,必须正确、合理地确定焊剂成分。焊剂和焊丝要合理配合。表 9-8 是国产的各种牌号熔炼焊剂的用途及其配用焊丝,可供埋弧焊时选用。

表 9-8 常用熔炼焊剂用途及其配用焊丝举例

焊剂型号	成分类型	用 途	配用焊丝	焊剂颗粒度/mm	适用电流种类
焊剂 130	无 Mn 高 Si 低 F	低碳钢,普低钢	H10Mn2	0.4~3	交流、直流
焊剂 131	无 Mn 高 Si 低 F	Ni 基合金	Ni 基焊丝	0.25~1.6	交流、直流
焊剂 150	无 Mn 中 Si 中 F	轧辊堆焊	2Cr3,3Cr2W8	0.25~3	直流
焊剂 172	无 Mn 低 Si 高 F	高 Cr 钢	相应钢种焊丝	0.25~2	直流
焊剂 230	低 Mn 高 Si 低 F	低碳钢,普低钢	H08MnA,H10Mn2	0.4~3	交流、直流
焊剂 260	低 Mn 高 Si 中 F	不锈钢轧辊堆焊	不锈钢焊丝	0.25~2	直流
焊剂 330	中 Mn 高 Si 低 F	重要低碳钢及普低钢	H08MnA,H10Mn2	0.4~3	交流、直流
焊剂 430	高 Mn 高 Si 低 F	重要低碳及普低钢	H08A,H08MnA	0.4~3 0.25~1.6	交流、直流
焊剂 431	高 Mn 高 Si 低 F	重要低碳及普低钢	H08A,H08MnA	0.4~3	交流、直流
焊剂 432	高 Mn 高 Si 低 F	重要低碳及普低钢(薄板)	H08A	0.25~1.6	交流、直流
焊剂 433	高 Mn 高 Si 低 F	低碳钢	H08A	0.25~3	交流、直流

（二）焊丝

对低碳钢焊件进行埋弧焊时，使用的焊丝牌号有 H08、H08A、H08MnA 以及 H10Mn2 等，其中 H08A 焊丝应用最为普遍。当焊件厚度较大或对力学性能要求较高时，可考虑使用 H10Mn2、H08MnA 等。因焊丝中的锰是很好的脱氧剂和合金剂，它还能与硫化合生成硫化锰（MnS），起脱硫作用，可以减少热裂缝的产生。锰可作为合金元素渗入焊缝，使焊缝的力学性能提高。在 H08、H08A 焊丝中，锰含量为 $0.30\% \sim 0.55\%$，在 H10Mn2 焊丝中，锰含量为 2% 左右。为了焊接不同厚度的钢板，同一牌号的焊丝加工成各种不同的直径，常见规格（mm）有 1.6、2、3、4、5、6 等几种。

焊接一般普通结构钢，用高锰高硅焊剂配合低碳钢焊丝 H08A，重要结构可用中锰焊丝 H08MnA，或者用高硅低锰或无锰焊剂与高锰焊丝 H08Mn2 配合。

强度级别较高的低合金钢要选用中锰中硅或低锰中硅型焊剂并配合相应的合金钢焊丝；低温钢、耐热钢和耐腐蚀钢可选用中硅或低硅型焊剂及相应的合金钢焊丝。

三、埋弧焊工艺

根据焊件厚度的不同可采用不同的埋弧焊工艺措施，如单面焊或双面焊。它们又可分为有坡口和无坡口、有衬垫和悬空焊、单丝焊和多丝焊。焊接工艺不同，采用的焊接规范也不同。

（一）单面焊双面成形

单面焊双面成形埋弧自动焊是使用较大的焊接电流，将焊件一次熔透的焊接方法。生产中采用一次成形衬垫使熔池在衬垫上冷却凝固，才能达到一次成形。成形衬垫有铜衬垫、焊剂衬垫以及焊剂铜衬垫等几种。

龙门压力架-焊剂铜垫法焊缝成形稳定，质量较好。龙门压力架的横梁上有多个气缸，通入压缩空气后，气缸带动压紧装置将焊件压紧在焊剂铜垫上进行焊接。焊缝背面的成形装置采用焊剂铜垫，铜垫上开有一成形槽以保证背面成形。铜衬垫截面如图 9-10 所示。

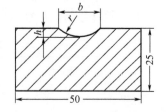

图 9-10 铜衬垫截面

铜垫板两侧有冷却铜块，可通以冷却水，间接冷却铜垫板。

龙门压力架-焊剂铜垫法的焊接过程如下：首先清除焊接件边缘的锈污，然后借助焊接平台上的输送滚轮将焊件送入进行装配，留出一定的装配间隙并使间隙中心线对准成形槽中心线，安放引弧板和引出板，放下龙门架压紧焊件，顶紧铜垫，在接头处撒放细粒焊剂并使其均匀填入铜垫形槽中，此时即可进行焊接。

（二）双面焊

双面焊有悬空焊接法、焊剂垫法和工艺垫板法。

不用衬垫的悬空焊接法不需要任何辅助设备和装置。为防止液态金属从间隙中流失而引起烧穿，要求焊件在装配时不留间隙或间隙很小（一般不超过 1mm），焊接第一面时，一般熔深小于焊件厚度的一半，翻转后进行反面焊接时，熔深应达到焊件厚度的 60%~70% 才能保证完全焊透。

焊剂垫结构原理如图 9-11 所示，其主要作用是防止熔渣和熔池金属流漏。工艺垫板法如图 9-12 所示。采用工艺垫板法，焊完第一面后，翻转焊件并除去垫板、焊剂和焊缝根部渣壳，进行第二面焊接。

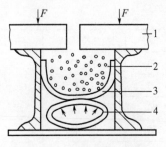

图 9-11 焊剂垫结构原理

1—焊件；2—焊剂；3—橡皮，帆布；4—橡皮帆布软管。

图 9-12 工艺垫板法

埋弧焊焊接规范的主要参数有：焊接电流、电弧电压和焊接速度等。一般随着电流增加熔深增加；电弧电压增加实质上是电弧长度的增加，电弧增长，摆动加剧，焊缝熔宽增加；其他条件不变而焊接速度增加，焊缝线能量减小，熔宽明显地变窄。由于电弧对焊件加热不足，过分增加焊接速度，会造成焊件未焊透和焊缝边缘的未熔合现象。悬空双面自动焊规范列于表 9-9 中。龙门压力架-焊剂铜垫法单面焊接双面成形焊接规范列于表 9-10 中。

表 9-9 悬空双面自动焊规范

焊丝直径/mm	焊接厚度/mm	焊接顺序	焊接电流/A	焊接电压/V	焊接速度/($m \cdot h^{-1}$)
4	6	正 反	380~420 430~470	30 30	34.6 32.7
4	8	正 反	440~480 480~530	30 31	30 30
4	10	正 反	530~570 590~640	31 33	27.7 27.7
4	12	正 反	620~660 680~720	35 35	25 24.8
4	14	正 反	680~720 730~770	37 40	24.6 22.5
5	15	正 反	800~850 850~900	34~36 36~38	38 26
5	17	正 反	850~900 900~950	35~37 37~39	36 26
5	18	正 反	850~900 900~950	36~38 38~40	36 24
5	20	正 反	850~900 900~1000	36~38 38~40	35 24
5	22	正 反	900~950 1000~1050	37~39 38~40	32 24

表 9-10 龙门压力架-焊剂铜垫法焊接规范

焊件厚度/mm	装配间隙/mm	焊丝直径/mm	焊接电流/A	电弧电压/V	焊接速度/($m \cdot h^{-1}$)
3	2	3	380~420	27~29	47
4	2~3	4	450~500	29~31	40.5
5	2~3	4	520~560	31~33	37.5
6	3	4	550~600	33~35	37.5

续表

焊件厚度/mm	装配间隙/mm	焊丝直径/mm	焊接电流/A	电弧电压/V	焊接速度/(m·h⁻¹)
7	3	4	640~680	35~37	34.5
8	3~4	4	680~720	35~37	32
9	3~4	4	720~780	36~38	27.5
10	4	4	780~820	38~40	27.5
12	5	4	850~900	39~41	23
14	5	4	880~920	39~41	21.5

为了提高埋弧焊的速度,目前使用两根以上电极的多极埋弧焊;为了提高接头的韧性,目前使用在焊缝中填充金属粉末等的埋弧焊。

第四节　气体保护焊

气体保护焊是利用气体流保护电弧及熔池,以保证焊缝质量的一种电弧焊工艺。

气体保护焊中保护气体既是焊接区的保护介质,也是产生电弧的气体介质。因此保护气体的物理、化学特性不仅影响保护效果,而且影响焊缝的成形与质量。所以,合理选用保护气体很重要。焊接保护气体的选用原则如下:

(1) 保护气体应对焊接区中的电弧与金属起到良好的保护作用;

(2) 保护气体作为电弧的气体介质,应有利于引燃电弧和保持电弧的稳定燃烧;

(3) 保护气体应有助于提高对焊件的加热效率,改善焊缝成形;

(4) 保护气体应减小焊接时金属的飞溅;

(5) 保护气体应能减少焊缝气孔和裂纹缺陷;

(6) 保护气体应容易制取和价格低廉,以降低焊接生产成本。

根据上述原则,目前生产中采用的单一成分的保护气体有氩气、氦气、氢气、氮气和二氧化碳气体。也有混合保护气体,如氩气与二氧化碳气体混合等。针对不同的被焊金属,采用不同的气体保护焊。

气体保护焊有专门的供气系统,供气系统通常由气瓶、减压阀及流量计等部分组成,如图 9-13 所示。

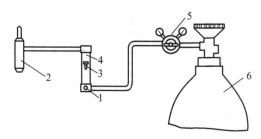

图 9-13　供气系统组成示意图

1—针形阀;2—焊枪(或焊炬);3—浮子;4—流量计;5—减压阀;6—气瓶。

常用的气体保护焊有非熔化极氩弧焊(TIG 焊)、熔化极氩弧焊(MIG 焊)和二氧化碳气体保护焊。

一、氩弧焊

氩弧焊是以氩气为保护气体的气体保护焊。氩气是一种惰性气体,用氩气作保护气体焊接时,它既不与金属起化学作用,也不溶解于金属中。氩气比空气重 25%,使用时不易漂浮散失,起到保护作用。氩气是单原子气体,高温时不分解吸热,而且热导率很小,所以在氩气中燃烧的电弧热量损失较少。在氩气中,电弧一旦引燃,燃烧就很稳定,在各种保护气体中,氩弧的稳定性最好。但是氩气没有脱氧去氢作用,所以氩弧焊时应对焊前的除油、去锈、去水等准备工作严格要求,否则就要影响焊缝质量。

氩弧焊不仅可以成功地焊接铝、镁及其合金,而且可以焊接钛或锌等金属。铝、镁及其合金的表面存在一层致密难熔的氧化膜,如果不及时清除,焊接时会造成未熔合,使焊缝内部产生气孔夹渣,直接影响焊接质量。氩弧焊时如果工件为阴极,则质量很大的氩气正离子撞击阴极,使被焊金属的表面氧化膜在电弧的作用下可以被清除掉,从而获得表面光亮美观、无氧化膜、形成良好焊缝的工件。氩弧焊这种去除氧化膜的作用称作"阴极破碎"作用。焊接时因阳极只受到质量很小的电子撞击,因此没有去除氧化膜的作用。

氩弧焊按照电极的不同可分为非熔化极氩弧焊(TIG 焊)和熔化极氩弧焊(MIG 焊),如图 9-14(a)、(b)所示。

(一) 非熔化极氩弧焊

非熔化极氩弧焊的电极通常采用钨或钨合金棒,所以也叫钨极氩弧焊。焊接时,非熔化电极与焊件间的电弧作为热源,填充焊丝从钨极的前方添加。电极和电弧区及熔化金属都用一层氩气保护,使之与空气隔离。

非熔化极氩弧焊要求钨极材料耐高温,焊接过程中本身不熔化,有较高的电子发射

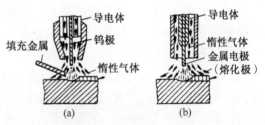

图 9-14　氩弧焊的二种方法
(a) 非熔极氩弧焊;(b) 熔极氩弧焊。

能力。目前国内普遍采用钍钨极,它是由在纯钨中加入质量分数为 1%～2% 的氧化钍(ThO_2)制成的。由于加入氧化钍,电子发射能力显著增强,容易引弧,且电弧稳定。但钍是一种放射性元素,若不注意防护,对人体是有害的。

钨极氩弧焊可使用交流和直流两种焊接电源。因钨极氩弧焊焊接时阳极产热量多于阴极,当使用直流反接法时,钨棒为阳极。由于电子轰击钨极,放出大量热量,很容易使钨极过热熔化,所以钨极氩弧焊除焊接铝、镁及其合金外,一般选用直流正接法为好。当焊接铝、镁及其合金时,一般采用交流电源,这样在交流负极性的半波里(工件为阴极),阴极有去除氧化膜的作用。在交流正极性的半波里(钨极为阴极),钨极可以得到冷却。铝、镁及其合金的薄件亦可选用直流反接法,为不使钨极熔化,钨棒要粗些,电流要小些。又因阴极区热量低,故焊缝熔深浅,只能焊 3mm 以下的薄铝板。焊接铝、镁及其合金不能用直流正接法,因无阴极破碎作用,焊接效果差。

钨极氩弧焊的填充金属一般使用与母材相同的金属材料。焊接过程可用手工进行,也可自动化。

（二）熔化极氩弧焊

钨极氩弧焊由于受到钨极允许电流限制，焊接电流不能太大，大于 6mm 的板材要开坡口焊接，大于 8mm 时还需要预热才能进行焊接。所以钨极氩弧焊生产率低。

熔化极氩弧焊焊丝本身作为电极，焊接电流可以大大提高。因母材熔深大，焊丝熔敷速度快，提高了劳动生产率。所以在中等厚度以上的铝及其合金、钛合金及不锈钢等焊接中，熔化极氩弧焊获得了较为广泛的应用。

熔化极氩弧焊一般采用直流反接法。直流反接法不仅电弧稳定，而且焊铝时可清除焊缝表面的氧化膜。熔化极氩弧焊可分为自动焊及半自动焊两种。

二、二氧化碳气体保护焊

CO_2 气体和氩气不同，在电弧高温下会分解出原子态氧，具有强烈的氧化性，使合金元素氧化。

CO_2 气体保护焊时，由于冶金反应，气体析出十分猛烈。当气体从熔滴或熔池中外逸受阻，就可能在局部范围内爆破，造成液体金属发生粉碎型的细滴飞溅。尤其当采用直流正接法时，焊丝为阴极，阴极接受正离子的冲击，正离子质量大，对阴极产生的压力大，这种压力使焊丝端头的熔滴上翘，最终使熔滴在重力和压力作用下飞离焊丝造成飞溅，所以一般直流反接法飞溅少。

由于电弧具有较强的氧化性，所以目前 CO_2 电弧焊主要用于焊接低碳钢及低合金钢等金属。焊接时必须采用含有脱氧剂的焊丝。实践表明，采用 Si、Mn 联合脱氧时能得到满意的结果。目前国内外应用最广的是 H08Mn2SiA 焊丝。为了防止焊缝产生氢气孔，焊前要适当清除工件和焊丝表面的油污及铁锈。尽可能使用含水分低的 CO_2 气体（其 $w_{CO_2} > 99\%$，$w_{O_2} < 0.1\%$，$H_2O < (1 \sim 2) g/m^3$）。采用直流反接法，可减少氢气孔的产生。

因 CO_2 电弧焊飞溅严重，实际焊接中主要采用细焊丝。一般焊丝直径在 0.6 ~ 1.2mm 范围内，直径最大用到 1.6mm。焊接电压低，电流小。焊接薄板时生产率高，变形小。

CO_2 电弧焊一般采用直流反接法。这不仅因为反极性时飞溅小，电弧稳定，焊缝含氢量低，而且因细丝 CO_2 气体保护焊电弧的阴极发热量较阳极大，因而反接法焊缝熔深大。但在焊补铸铁件时，应采用正极性为好。因正极性时工件为正极，热量小，熔深浅，对保证铸件熔敷金属的性能有利，且焊丝为阴极，熔化快，可提高生产率。

CO_2 气体密度大，并且受电弧加热后体积膨胀也较大，所以其隔离空气、保护焊接熔池的效果良好。

CO_2 气体来源广，价格低，因而 CO_2 保护焊的成本只有埋弧焊和手工电弧焊的 40% ~ 50% 左右。因采用细丝焊接，焊接电流密度较大，电弧热量集中，焊接薄板时比气焊速度快，变形小。焊缝含氢量低，抗裂性能好，焊后不需清渣。明弧可见便于控制，有利于实现焊接机械化。

复习思考题

1. 什么叫电弧焊？为什么电弧焊在现代焊接中应用最为广泛？

2. 电弧是怎样形成的？为什么一般情况下电弧阴极区温度低于阳极区温度？

3. 从电弧焊的化学冶金过程分析，说明为什么光焊条无保护焊接无实用价值？

4. 什么是酸性焊条？什么是碱性焊条？为什么碱性焊条焊接时焊缝中氢很少？在什么

情况下选用低氢型焊条？

5. 为什么一般情况下应优先选用酸性焊条？

6. 手工电弧焊的焊接规范包括哪些内容？

7. 埋弧焊与手弧焊相比，有哪些优点？

8. 锰在焊丝中起什么作用？

9. 为什么氩弧焊可有效地焊接铝、镁及其合金？

10. CO_2气体保护焊为什么多用直流反接法？CO_2气体保护有什么优点？

第十章　其他常用焊接方法

第一节　电阻焊

电阻焊是工件组合后通过电极施加压力,利用电流通过接头的接触面及邻近区域产生的电阻热,把工件加热到塑性或局部熔化状态,在压力作用下形成接头的焊接方法。

电阻焊在焊接过程中产生的热量,可利用焦耳-楞次定律计算:

$$Q = I^2 R t$$

式中　Q——电阻焊时所产生的电阻热(J);

　　　I——焊接电流(A);

　　　R——工件的总电阻,包括工件本身的电阻和工件间的接触电阻(Ω);

　　　t——通电时间(s)。

由于工件的总电阻很小,为使工件在极短时间内(0.01s 到几秒)迅速加热,必须采用很大的焊接电流(几千安培到几万安培)。

与其他焊接方法相比,电阻焊具有生产率高、焊接变形小、劳动条件好、不需另加焊接材料、操作简便、易实现机械化等优点。但其设备较一般熔焊复杂,耗电量大,适用的接头形式与可焊工件厚度(或断面)受到限制。

电阻焊分为点焊、缝焊和对焊三种形式。

一、点焊

点焊是将工件装配成搭接接头,并紧压在两柱状电极之间,利用电阻热熔化母材金属,形成一个焊点的电阻焊方法,如图 10-1 所示。

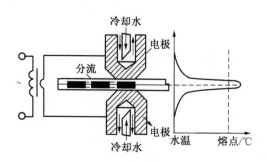

图 10-1　点焊示意图

点焊时,先加压使两工件紧密接触,然后接通电流。由于两工件接触处电阻较大,电流流过所产生的电阻热使该处温度迅速升高,局部金属可达熔点温度被熔化形成液态熔核。断电后,继续保持压力或加大压力,使熔核在压力下凝固结晶,形成组织致密的焊点。而电极与工件间的接触处,所产生的热量因被导热性好的铜(或铜合金)电极及冷却水传走,因此温升有限,不会出现焊合现象。

焊完一个点后,电极将移至另一点进行焊接。当焊接下一个点时,有一部分电流会流经已焊好的焊点,称为分流现象。分流将使焊接处电流减小,影响焊接质量。因此两个相邻焊点之间应有一定距离。工件厚度越大,材料导电性越好,则分流现象越严重,故点距应加大。不同材料及不同厚度工件上焊点间最小距离如表 10-1 所列。

表 10-1　点焊的焊点间最小距离

工作厚度/mm	点　距/mm		
	结构钢	耐热钢	铝合金
0.5	10	8	15
1	12	10	18
2	16	14	25
3	20	18	30

影响点焊质量的主要因素有焊接电流、通电时间、电极压力及工件表面清理情况等。根据焊接时间的长短和电流大小,常把点焊焊接规范分为硬规范和软规范。硬规范是指在较短时间内通以大电流的规范。它的生产率高、工件变形小、电极磨损慢,但要求设备功率大,规范应控制精确,适合焊接导热性能较好的金属。软规范是指在较长时间内通以较小电流的规范。它的生产率低,但可选用功率小的设备焊接较厚的工件,更适合焊接有淬硬倾向的金属。

点焊电极压力应保证工件紧密接触并顺利通电,同时依靠压力消除熔核凝固时可能产生的缩孔和缩松。工件厚度越大,材料高温强度越大(如耐热钢),电极压力也应越大。但压力过大时,将使工件电阻减小,从而电极散失的热量将增加,也使电极在工件表面的压坑加深。因此应选择合适的电极压力。

工件的表面状态对焊接质量影响很大,如工件表面存在氧化膜、污垢等,将使工件间电阻显著增大,甚至存在局部不导电的现象而影响电流通过。因此,点焊前必须对工件进行酸洗、喷砂或打磨处理。

点焊工件都采用搭接接头,图 10-2 为几种典型的点焊接头形式。

点焊主要适用于厚度为 4mm 以下的薄板、冲压结构及线材的焊接,每次焊一个点或一次焊多个点。目前,点焊已广泛用于制造汽车、车厢、飞机等薄壁结构以及罩壳、生活用品等。

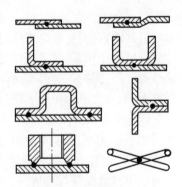

图 10-2　点焊接头形式

二、缝焊

缝焊(图 10-3)过程与点焊相似,只是用旋转的圆盘状滚动电极代替了柱状电极。焊接时,盘状电极压紧焊件并转动(也带动焊件向前移动),配合连续或断续通电,即形成连续的焊缝,因此称为缝焊。

缝焊时,焊点相互重叠 50%以上,密封性好,主要用于制造要求密封性的薄壁结构,如油箱、小型容器与管道等。但因缝焊过程分流现象严重,焊接相同厚度的工件时,焊接电流约为点焊的 1.5~2 倍。因此要使用大功率焊机,用精确的电气设备控制间断通电的时间。缝焊只适用于厚度在 3mm 以下的薄板结构。

三、对焊

对焊即对接电阻焊,是利用电阻热使两个工件在整个接触面上焊接起来的一种方法,如图 10-4 所示。根据焊接操作方法的不同,对焊又可分为电阻对焊和闪光对焊。

(一) 电阻对焊

将两个工件装夹在对焊机的电极钳口中成对接接头,施加预压力,使两个工件端面接触,并被压紧,然后通电。当电流通过工件和接触端面时产生电阻热,将工件接触处迅速加热到塑性状态(碳钢约为 1000~1250℃),再对工件施加较大的顶锻力并同时断电,使高温端面产生一定的塑性变形而焊接起来(图 10-4(a))。

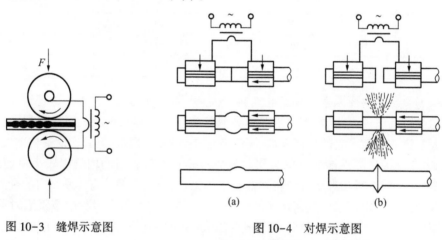

图 10-3 缝焊示意图

图 10-4 对焊示意图
(a) 电阻对焊; (b) 闪光对焊。

电阻对焊操作简单,接头比较光滑。但焊前应认真加工和清理端面,否则易出现加热不匀、连接不牢的现象。此外,高温端面易发生氧化,质量不易保证。电阻对焊一般只用于焊接截面简单、直径(或边长)小于 20mm 和强度要求不高的工件。

(二) 闪光对焊

将两工件夹在电极钳口内成对接接头,接通电源并使两工件轻微接触。因工件表面不平,首先只是某些点接触,强电流通过时,这些接触点的金属即被迅速加热熔化,甚至蒸发,在蒸气压力和电磁力作用下,液态金属发生爆破,以火花形式从接触处飞出而形成"闪光"。此时应继续送进工件,保持一定闪光时间,待工件端面全部被加热熔化时,迅速对工件施加顶锻力并切断电源,工件在压力作用下产生塑性变形而焊在一起(图 10-4(b))。

在闪光对焊的焊接过程中,工件端面的氧化物和杂质,一部分被闪光火花带出,另一部分在最后加压时随液态金属挤出,因此接头中夹渣少、质量好、强度高。闪光对焊的缺点是金属损耗较大,闪光火花易玷污其他设备与环境,接头处焊后有毛刺需要加工清理。闪光对焊常用于重要工件的焊接,可焊接相同金属件,也可焊接一些异种金属(铝-铜、铝-钢等)。被焊工件直径可小到 0.01mm 的金属丝,也可以是截面积大到 20000mm² 的金属棒和金属型材。

不论哪种对焊,工件端面应尽量相同。圆棒直径、方钢边长和管子壁厚之差均不应超过 25%。图 10-5 是

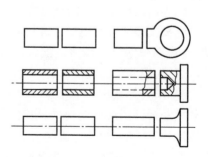

图 10-5 对焊接头形式

推荐的几种对焊接头形式。对焊主要用于刀具、管子、钢筋、钢轨、锚链、链条等的焊接。

第二节 摩 擦 焊

摩擦焊是利用工件接触端面相对旋转运动中摩擦产生的热量,同时加压顶锻而进行焊接的方法。

图10-6是摩擦焊示意图。先将两工件夹在焊机上,加一定压力使工件紧密接触。然后焊件做旋转运动,使工件接触面相对摩擦产生热量,待工件端面被加热到高温塑性状态时,利用制动器使工件骤然停止旋转,并利用轴向加压油缸对焊件的端面加大压力,使两焊件产生塑性变形而焊接起来。

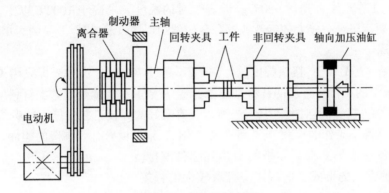

图10-6 摩擦焊示意图

摩擦焊的特点:

(1) 在摩擦焊过程中,工件接触表面的氧化膜与杂质被清除。因此接头组织致密,不易产生气孔、夹渣等缺陷,接头质量好而且稳定。

(2) 可焊接的金属范围较广,不仅可以焊接同种金属,也可以焊接异种金属。

(3) 焊接操作简单,不需焊接材料,容易实现自动控制,生产率高。

(4) 设备简单,电能消耗少(只有闪光对焊的1/15~1/10),但要求刹车及加压装置的控制灵敏。

摩擦焊接头一般是等截面的,特殊情况下也可以是不等截面的。但需要至少有一个工件为圆形或管状。图10-7所示为摩擦焊可用的接头形式。

摩擦焊已广泛用于圆形工件、棒料及管类件的焊接。可焊实心工件的直径为2~100mm以上,管类件外径可达150mm。

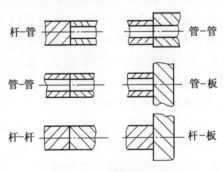

图10-7 摩擦焊接头形式

第三节 钎 焊

钎焊是利用熔点比焊件低的钎料作填充金属,加热时钎料熔化而将工件连接起来的焊接方法。

钎焊的过程：将表面清理好的工件以搭接形式装配在一起，把钎料放在接头间隙附近或接头间隙之间。当工件与钎料被加热到稍高于钎料的熔点温度后，钎料熔化（此时工件不熔化），借助毛细管作用使钎料被吸入并充满固态工件间隙，液态钎料与工件金属相互扩散，冷凝后即形成钎焊接头。

根据钎料熔点的不同，钎焊可分为硬钎焊与软钎焊两类。

一、硬钎焊

钎料熔点在450℃以上，接头强度在200MPa以上。属于这类的钎料有铜基、银基和镍基钎料等。银基钎料钎焊的接头具有较高的强度、良好的导电性和耐蚀性，而且熔点较低，工艺性好。但银基钎料较贵，只用于质量要求高的工件。镍铬合金钎料可用于钎焊耐热的高强度合金与不锈钢，工作温度可高达900℃。但钎焊时的温度要求高于1000℃以上，工艺要求很严。硬钎焊主要用于受力较大的钢铁和铜合金构件的焊接以及工具、刀具的焊接。

二、软钎焊

钎料熔点在450℃以下，接头强度较低，一般不超过70MPa。这种钎焊只用于焊接受力不大，工作温度较低的工件。常用的钎料是锡铅合金，所以又称为锡焊。这类钎料的熔点一般低于230℃，熔液渗入接头间隙的能力较强，所以具有较好的焊接工艺性能。软钎焊广泛用于焊接受力不大的常温下工作的仪表、导电元件以及钢铁、铜及铜合金等制造的构件。

钎焊构件的接头形式都采用板料搭接和套件镶接，图10-8是几种常见的形式。这些接头都有较大的钎接面，以弥补钎料强度低的不足，保证接头有一定的承载能力。接头之间应有良好的配合和适当的间隙。间隙太小，会影响钎料的渗入与湿润，达不到全部焊合。间隙太大，不仅浪费钎料，而且会降低钎焊接头强度。因此，一般钎焊接头间隙值取0.05~0.2mm。

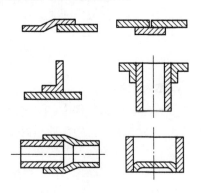

图10-8 钎焊构件的接头形式

在钎焊过程中，一般都需要使用熔剂，即钎剂。其作用是清除被焊金属表面的氧化膜及其他杂质，改善钎料流入间隙的性能（即润湿性），保护钎料及工件不被氧化。因此，钎剂对钎焊质量影响很大。软钎焊时，常用的钎剂为松香或氯化锌溶液。硬钎焊钎剂的种类较多，主要由硼砂、硼酸、氟化物、氯化物等组成，应根据钎料种类选择应用。

钎焊的加热方法有烙铁加热、火焰加热、电阻加热、感应加热、炉内加热、盐溶加热等，可根据钎料种类、工件形状及尺寸、接头数量、质量要求与生产批量等综合考虑选择。其中烙铁加热温度低，一般只适用于软钎焊。

与一般熔焊相比，钎焊的特点如下：

（1）工件加热温度较低，组织和力学性能变化很小，变形也小。接头光滑平整，工件尺寸精确。

（2）可焊接性能差异很大的异种金属，对工件厚度的差别也没有严格限制。

（3）对工件整体进行钎焊时，可同时钎焊多条（甚至上千条）由接缝组成的复杂形状构件，生产率很高。

（4）设备简单，投资费用少。但钎焊的接头强度较低，尤其是动载强度低，允许的工作温度不高，焊前清理要求严格，而且钎料价格较贵。因此，钎焊不适合于一般钢结构件及重载、动载零件的焊接。钎焊主要用于制造精密仪表、电气部件、异种金属构件以及某些复杂薄板结构（如夹层结构、蜂窝结构等），还用于制造各类导线与硬质合金刀具。

第四节　真空电子束焊接

随着原子能、导弹和宇航技术的发展，这些领域大量应用了锆、钛、钽、钼、铂、铌、镍及其合金，对这些金属的焊接质量提出更高的要求，一般的气体保护焊已不能得到满意的结果。1956年真空电子束焊接方法研制成功，解决了上述稀有金属的焊接问题。

真空电子束焊接是利用加速和聚焦的电子束轰击置于真空或非真空中的工件所产生的热能进行焊接的方法，如图10-9所示。电子枪、工件及夹具全部装在真空室内。电子枪由加热灯丝、阴极、阳极及聚焦装置等组成。当阴极被灯丝加热到2600K时，能发出大量电子。这些电子在阴极与阳极（工件）间的高压作用下，经电磁透镜聚焦成电子流束，以极大速度（可达到160000km/s）射向工件表面，使电子的动能转变为热能，其能量密度（$10^6 \sim 10^8 \text{W/cm}^2$）比普通电弧大1000倍，故使工件金属迅速深化，甚至气化。根据工件的熔化程度，适当移动工件，即得到要求的焊接接头。

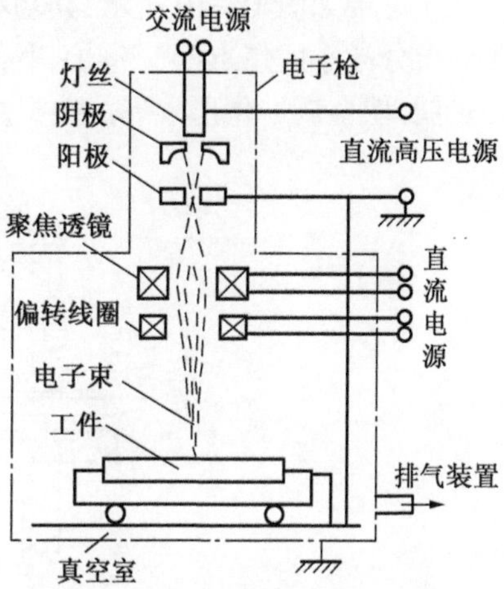

图10-9　真空电子束焊接示意图

真空电子束焊接有以下特点：

（1）由于在真空中焊接，工件金属无氧化、氮化、金属电极玷污，从而保证了焊缝金属的高纯度。焊缝表面平滑纯净，没有弧坑或其他表面缺陷；内部结合好，无气孔及夹渣。

（2）热源能量密度大，熔深大，速度快，焊缝深而窄（焊缝宽深比可达1∶20），能单道焊厚件。焊接热影响区很小，基本上不产生焊接变形，从而防止难熔金属熔接时产生裂纹及泄漏。此外，可对精加工后的零件进行焊接。

（3）厚件也不必开坡口，焊接时一般不必另填金属。但接头要加工得平整洁净，装配紧，不留间隙。

（4）电子束参数可在较宽范围内调节，而且焊接过程的控制灵活，适应性强。

目前，真空电子束焊接的应用范围正日益扩大，从微型电子线路组件、真空膜盒、钼箔蜂窝结构、原子能燃料原件到大型导弹壳体都已采用电子束焊接。此外，焊点、导热性、溶解度相差很大的异种金属构件，真空中使用的器件和内部要求真空的密封器件等，用真空电子束焊接也能得到良好的焊接接头。

真空电子束焊接的缺点是设备复杂，造价高，使用与维护技术要求高，工件尺寸受真空室限制，对工件的清整与装配要求严格。因而，其应用也受到一定限制。

目前，非真空电子束焊接也得到了成功应用。此时，不需要真空工作室，也可焊大尺寸工件和30mm的熔深。

第五节 激 光 焊 接

激光焊接是以聚焦的激光束作为能源轰击焊件所产生的热量进行熔焊的方法。

激光是指利用原子受激辐射原理,使物质受激而产生的波长均一、方向一致和强度很高的光束。激光器是指产生激光的器件。激光与普通光(太阳光、电灯光、烛光、荧光)不同,激光具有单色性好、方向性好以及能量密度高(可达 $10^5 \sim 10^{31} W/cm^2$)等特点,因此成功用于金属或非金属材料的焊接、穿孔和切割。

在焊接中应用的激光器,目前有固体及气体介质两种。固体激光器常用的激光材料是红宝石、钕玻璃或掺钕钇铝石榴石,气体激光器则使用 CO_2。

激光焊接如图 10-10 所示,其基本原理:利用激光器受激产生的激光束,通过聚焦系统可聚焦到十分微小的焦点(光斑)上,其能量密度大于 $10^5 W/cm^2$。当调焦到工件接缝时,光能转换为热能,使金属熔化形成焊接接头。

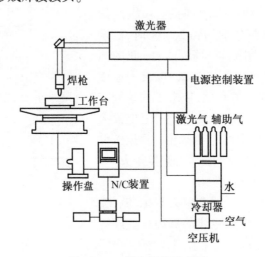

图 10-10 激光焊接示意图

按激光器的工作方式分类,激光焊接可分为脉冲激光点焊和连续激光焊接两种。目前脉冲激光点焊已得到广泛应用。

通用激光点焊设备的单个脉冲输出能量为 10J 左右,脉冲持续时间一般不超过 10ms,主要用于厚度小于 0.5mm 的金属箔材或直径小于 0.6mm 的金属线材的焊接。连续激光焊接主要使用大功率 CO_2 气体激光器。在实验室内,其连续输出功率已达几十千瓦,能够成功地焊接不锈钢、硅钢、铜、镍、钛等金属及其合金。

激光焊接的特点:

(1)激光辐射的能量释放极其迅速,点焊过程只有几毫秒。这不仅提高了生产率,而且被焊材料不易氧化。因此可以在大气中进行焊接,不需要气体保护或真空环境。

(2)激光焊接的能量密度很高,热量集中,作用时间很短,所以焊接热影响区极小,工件不变形,特别适用于热敏感材料的焊接。

(3)激光束可以用反射镜或偏转棱镜将其在任何方向上弯曲或聚焦,可以用光导纤维引到难以接近的部位。激光还可以通过透明材料壁进行聚焦,因此可以焊接一般焊法难以接近或无法安置的焊点。

（4）激光可对绝缘材料直接焊接，焊接异种金属材料也比较容易，甚至能把金属与非金属材料焊在一起。

激光焊接（主要是脉冲激光点焊）特别适合微型、精密、排列非常密集和热敏感材料的工件及微电子元件的焊接（如集成电路内外引线焊接，微型继电器、电容器、石英晶体的管壳封焊，以及仪表游丝的焊接等），但激光焊接设备的功率较小，可焊接的厚度受到一定限制，而且操作与维护的技术要求较高。

复习思考题

比较电阻焊、摩擦焊、钎焊、真空电子束焊接和激光焊接方法的优缺点。

第十一章　常用金属材料的焊接

第一节　概　述

多年的生产实践发现,某些金属材料虽然具有较好的强度、塑性和耐腐蚀等性能,是理想的结构材料,但当利用这些材料制造结构时却又发现,它们在焊接过程中焊接接头可能出现裂纹、气孔和夹渣等缺陷。有时虽然能得到完整的接头,但力学性能、耐蚀性能等却达不到设计要求。

焊接时,焊接热过程和化学冶金过程使焊缝和热影响区金属发生复杂的冶金反应、结晶和相变。由于加热冷却和热胀冷缩的不均匀性,以及相变过程的不均匀性,使焊接结构产生了相当大的内应力,导致焊后发生变形和开裂。由于焊接热源温度高,作用时间短,与普通金属冶炼相比焊接冶金反应条件更加不平衡,导致焊缝产生各种缺陷。

综上所述,单从金属材料的基本性能本身还不能较好地判断它在焊接时可能出现的问题,以及焊后可能达到的接头性能水平。这就要从焊接的角度来研究金属的特有性能,也就是金属可焊性问题。

第二节　金属材料的焊接性

金属材料的焊接性是指被焊金属材料在采用一定的焊接方法、焊接材料、工艺参数及结构形式的条件下,获得优质焊接接头的难易程度。焊接性应从两个方面进行衡量:一是在焊接加工时金属形成完整焊接接头的能力;二是已焊成的焊接接头在使用条件下安全运行的能力。前者可以认为是结合性能,后者可以认为是使用性能。影响焊接性的因素如下。

(1) 材料因素。材料因素包括母材和所使用的焊接材料,如手工电弧焊使用的电焊条,埋弧自动焊使用的焊丝和焊剂,气体保护焊使用的焊丝和保护气体等。它们在焊接时都直接参与冶金过程,从而影响焊接质量。母材和焊接材料配合不当时,会造成焊缝金属化学成分不合格,力学性能和其他使用性能下降,甚至造成裂纹、气孔等严重缺陷。由此可见,正确选用母材和焊接材料是保证焊接性良好的重要基础,必须十分重视。

(2) 工艺因素。对于同一母材,当采用不同的工艺方法和工艺措施时,所表现的焊接性也不同。例如,钛合金对氧、氮和氢极为敏感,用气焊和手工电弧焊不可能焊好,而采用氩弧焊时则能得到较满意的焊接接头。又如人们都很熟悉的低碳钢,采用焊接加工时很容易获得完整的焊接接头,不需要复杂的工艺措施,所以说低碳钢的结合性能很好。如果用同样的工艺来焊接铸铁,则往往会发生裂纹等严重缺陷,得不到完整的焊接接头,所以说铸铁的结合性不如低碳钢。然而,如果使用一定的焊接材料并采取高温预热、缓冷和锤击等工艺措施,也可以获得完整的焊接接头。因而适当的焊接方法和具体的工艺措施对防止焊接接头缺陷,提高使用性能有着重要作用。

最常见的工艺措施是焊前预热和焊后缓冷,这对防止热影响区的淬硬变脆、降低焊接应力等都有明显的效果。合理安排焊接顺序可减小应力和变形。焊后进行热处理可以消除残余应力。铸铁焊补时用锤击焊缝可防止裂纹。

(3) 结构因素。焊接接头的结构设计会影响应力状态,从而对焊接性也发生影响。设计结构时应充分考虑焊接过程的特殊性,避免产生较大的焊接应力和变形,有利于防止焊接裂纹,从而改善金属的焊接性能。

(4) 使用条件。焊接结构的使用条件多种多样,如工作温度、工作介质和载荷性能都属于使用条件。当工作温度过高或过低,在重载或冲击载荷下工作及工作介质具有腐蚀性等情况,焊接接头的使用性能越难以保证,即金属的可焊性下降。

既然金属的焊接性与焊接材料、焊接工艺、焊接结构和使用条件等因素有密切的关系,人们就不可能脱离这些因素而简单地说某种材料焊接性良好或焊接性差,也不可能用某一种指标来概括某种材料的焊接性。

由于焊接性的影响因素很复杂,所以评定焊接性的实验方法也很多。根据实验方法的不同,焊接性实验分为模拟性和实际焊接两大类。模拟性的焊接性实验是对金属试样模仿焊接特点加热冷却,有时还施加一定的拉伸应力来观察金属的变化。这对估价热影响区各部位金属在焊接时可能出现的问题是很有用的,但模拟实验与实际焊接总是有相当大的差异。实际焊接的焊接性实验则是通过在一定条件下进行焊接的方法来观察可能出现的问题。这就比模拟更接近生产条件,对评价母材、选择焊接材料、焊接方法、了解接头使用性能等都是有用的。焊接性实验包括如下内容,但在实际应用中往往是根据具体情况挑选其中几项来进行:

(1) 对母材进行化学成分分析、力学性能测试、断裂韧度实验及母材原材料缺陷检验。

(2) 对焊接接头进行焊缝金属化学成分分析、接头力学性能测试、接头断裂韧度实验及抗裂实验。抗裂实验是重要的项目。

(3) 接头的探伤及其他使用性能实验。

除了用实验方法评定金属材料的焊接性外,还可用理论分析法来评价金属材料的焊接性。对于碳钢和低合金钢,常用理论分析法来评价其可焊性的好坏,一般用碳当量法进行估算。碳当量计算公式如下:

$$CE = C + \frac{Mn}{6} + \frac{Cr+Mo+V}{5} + \frac{Ni+Cu}{15}$$

式中　C、Mn、Cr、Mo、V、Ni、Cu——钢中该元素含量的质量分数。

实验证明:

当 $CE < 0.4\%$ 时,焊接性优良;

当 $CE = 0.4\% \sim 0.6\%$ 时,焊接性较差,焊接时需采取焊前预热等一系列工艺措施;

当 $CE > 0.6\%$ 时,焊接性更差,易产生裂纹和硬组织。

这是因为碳当量高的钢材在焊接冷却条件下易形成淬硬组织,使焊接接头的塑性下降,在焊接应力作用下易开裂且难以进行机械加工。

需要说明的是,利用碳当量法大体估算钢材的焊接性,重要结构必须进行焊接性实验以作为制定合理焊接工艺规程的依据。

第三节　碳钢及合金钢的焊接

一、低碳钢的焊接

（一）低碳钢的焊接热影响区

焊接热影响区是指焊缝两侧因焊接热作用而发生组织性能变化的区域。对低碳钢而言，由于焊缝附近各点受热作用不同，热影响区可分为熔合区、过热区、正火区和部分相变区等，如图 11-1 所示。在图 11-1 中，左侧下部是焊件的横截面，上部是相应各点在焊接过程中被加热的最高温度曲线（并非某一瞬间该截面的实际温度分布曲线）。图中 1、2、3、4 等各区段金属组织性能的变化，可对照右侧所示的部分铁-碳合金状态图分析。

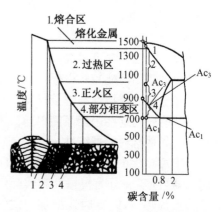

图 11-1　低碳钢热影响区的组织变化

1. 熔合区

该区是焊缝和基本金属的交界区，其加热的最高温度在铁-碳合金状态图的液固二相区温度范围内，焊接过程中金属局部熔化，所以也称为半熔化区。焊后该区的组织中既有因过热而长大的粗晶粒，又有液态结晶凝固的铸态组织。在低碳钢焊接接头中，这一区域虽然仅有 0.1~1mm，但它在很大程度上决定着焊接接头的性能，是最危险的区域。

2. 过热区

该区焊接时被加热的最高温度在铁-碳合金状态图固相线以下，奥氏体过热温度以上的范围内。在焊接过程中，奥氏体晶粒急剧长大，产生过热组织，在临界熔合区的部位甚至产生过烧组织，因而其塑性和冲击韧度降低。

3. 正火区

正火区金属焊接过程中被加热的最高温度高于 Ac_3 线而低于低碳钢奥氏体过热温度，金属发生重结晶，焊后使金属晶粒细化，得到相当于低碳钢的正火组织，因而力学性能得到改善。

4. 部分相变区

焊接加热的最高温度处于 Ac_1 和 Ac_3 之间的金属区段，是部分相变区。该区是铁素体和奥氏体两相区。随着温度的升高，基体金属中珠光体完全变成了奥氏体，而铁素体则部分地转变成奥氏体，即珠光体和部分铁素体发生重结晶转变，使晶粒细化，但还有部分铁素体未转变，冷却后该区晶粒大小不均匀，因此力学性能稍有下降。

以上四个区域是焊接热影响区中主要的组织变化区域，其中以熔合区和过热区对焊接接头组织性能的不利影响最为显著。因此，焊接过程中应尽可能减少热影响区的范围。

焊接热影响区的大小和组织性能变化的程度取决于焊接方法、焊接规范、接头形式和焊后冷却速度等因素。同一焊接方法，使用不同的规范时，热影响区的大小也不相同。一般来说，在保证焊接质量的条件下，增加焊接速度、减少焊接电流都能减小焊接热影响区。但焊接热影响区在焊接过程中是不可避免的。用手工电弧焊焊接一般低碳钢时，因热影响区较窄，危害性较小，焊后不进行热处理就能保证使用。但对重要的焊接结构，必须充分注意到热影响区带来的不利影响,用焊后热处理的方法消除热影响区。对焊后不能热处理的构件,则只能通过正确选择焊接方法与焊接工艺来减少焊接热影响区的范围。

（二）低碳钢的焊接特点

低碳钢含碳量低(w_C<0.25%),塑性好,热影响区淬硬倾向小,可通过塑性变形来减缓焊接应力,焊接接头产生裂纹的倾向小,因此可焊性能良好,焊接时一般不需要采取特殊的工艺措施。但在个别情况下,当母材或焊条成分不合格时(碳含量偏高、硫含量过高等),或在低温条件下焊接刚性大的结构时,都可能出现裂纹。因此,在用低碳钢做重要的焊接结构之前,最好对钢材性能进行全面检验,以保证产品质量。

（三）常用的焊接方法及焊接材料

低碳钢几乎可用所有的焊接方法来进行焊接,并能获得良好的焊接接头。用得最多的是手工电弧焊、埋弧自动焊、电渣焊、气体保护焊、电阻焊及气焊等。

采用各种熔化焊方法焊接低碳钢时,焊接材料及工艺的选择主要应保证焊接接头与母材等的强度。用手工电弧焊焊接一般低碳钢结构时,应选用酸性焊条;焊接承受动载荷、结构复杂或重要结构时,应选用碱性焊条。常用的结构钢焊条的选用参看表9-5。采用埋弧自动焊时,焊剂和配用焊丝的选用参看表9-8。用 CO_2 气体保护焊焊接低碳钢时,多使用H08Mn25iA 焊丝。

焊接低碳钢一般不需预热,但当在低温条件下焊接厚度大及刚度大的低碳钢时,由于焊接接头在焊后冷却速度快,因而裂纹倾向也增大,特别是在多层焊焊接第一道焊缝时易产生裂纹,因而要求焊前预热,并采用低氢焊条,尽可能减少焊缝中未焊透、夹渣及咬边等缺陷。

二、中、高碳钢的焊接及焊补

（一）中碳钢的焊接特点

中碳钢的含碳量(质量分数)在 0.25%~0.6%范围内,与低碳钢相比,由于含碳量高,所以热影响区的组织变化与低碳钢不同,在相当于低碳钢过热区和正火区的部位,将出现马氏体组织,形成淬火区。由于母材在近缝区容易产生低塑性的淬硬组织,所以焊接刚度较大的焊件和焊条选用不当时,近缝区容易产生冷裂纹。由于母材熔化到焊缝金属中去,所以尽管焊芯采用低碳钢,焊缝的含碳量仍比较高,其结果使焊缝金属容易产生热裂纹。中碳钢的可焊性比低碳钢的差。中碳钢的焊接和焊补主要用于中碳钢锻件和铸件。

（二）焊接中碳钢采取的工艺措施

具体工艺措施如下:

（1）选用抗裂性能好的低氢型焊条。当焊接接头的强度不要求和母材相等时,应选用焊缝塑性好的 J426、J427 焊条。当要求焊缝与母材等强度时,选用 J506、J507、J556、J557 焊条。焊条的选用参看表9-5。

（2）预热焊件是焊接与焊补中碳钢的主要工艺措施。尤其是焊件的厚度、刚度较大时,预热有利于降低热影响区硬度,改善接头的塑性,防止冷裂纹。整体预热和恰当的局部预热还能减小焊后残余应力。一般情况下,35、45 号钢预热温度可选用 50~250℃。含碳量再高,预热温度可再提高。

（3）焊件不允许预热时,可选用镍铬不锈钢焊条进行焊接。在不预热的情况下使用该焊条不易产生裂纹。但焊条成本高,一般不轻易采用。

（4）焊接时应采用小电流,细焊条,开坡口多层焊,以防止母材过多地熔入焊缝;锤击焊缝,以减少焊接应力;气焊时应采用中性焰。

（三）高碳钢的焊补

高碳钢含碳量大于 0.60%。这类钢的焊接特点与中碳钢相似,只是由于含碳量更高而使焊后硬化和裂纹的倾向更大,即可焊性更差。由于可焊性差,这类钢不用于制造焊接结构,大多用焊补修理一些损坏件。焊补时,一般采用 J506、J507、J607 焊条,也可选用不锈钢焊条,此时焊前不需预热。气焊时,质量要求不高的件可采用低碳钢焊丝,质量要求高的则采用与母材成分相近的焊丝,且应采取焊前预热措施。对火焊件焊后将工件保温缓冷,并进行退火处理。气焊时采用轻微碳化焰。

三、普通低合金结构钢的焊接

（一）焊接特点

普通低合金结构钢根据屈服强度的高低分六个级别,常用的强度钢等级、牌号、碳当量及焊接材料的选用如表 11-1 所列。

表 11-1 常用普通低合金结构钢焊接材料选用表

屈服强度 等级/MPa	钢 号	碳当量 /%	手弧焊焊条	埋弧自动焊		预热温度 /℃
				焊 丝	焊 剂	
294	09Mn2 09Mn2Si	0.36 0.35	J422,J423 J426,J427	H08 H08MnA	HJ431	
343	16Mn	0.39	J502,J503 J506,J507	H08A H08MnA,H10Mn2	HJ431	
392	15MnV 15MnTi	0.40 0.38	J506,J507 J556,J557	H08MnA H10MnSi,H10Mn2	HJ431	厚板 ≥100
441	15MnVN	0.43	J556,J557 J606,J607	H08MnMoA H10Mn2	HJ431 HJ350	≥100
490	18MnMoNb 14MnMoV	0.55 0.50	J607 J707	H08Mn2MoA H08Mn2MoVA	HJ250 HJ350	≥150
539	14MnMoVB	0.47	J607 J707	H08Mn2MoVA	HJ250 HJ350	≥150

各种普通低合金结构钢化学成分不同,性能上的差异很大,可焊性的差别比较显著。强度级别较低的普通低合金结构钢具有良好的可焊性,焊接过程中不需要采取复杂的工艺措施便可获得性能良好的焊接接头。但强度级别大于 490MPa 且厚度较大的普通低合金结构钢可焊性比较差,焊接时必须采取严格的工艺措施。

强度等级较低且含碳量很低的一些普通低合金结构钢,焊接时热影响区的淬硬倾向很小。随着强度等级的提高,热影响区的淬硬倾向也随着增大。如果焊缝中含氢量较高及接头中焊接残余应力较大,则焊缝及热影响区易产生冷裂纹。

（二）焊接时采取的工艺措施

首先应正确地选用焊接方法、焊接材料、焊接规范、焊前预热温度及焊后热处理方法等。

焊接材料的选择原则主要是根据钢材的强度等级,并适当参考化学成分和工作条件来选择。一般可选用与焊件强度相当的低氢焊条或碱度较高的埋弧焊焊剂,焊前应烘干焊条,焊丝及焊件应严格清除油、锈,以减少焊缝中的含氢量。

焊接时通过调整焊接规范来严格控制热影响区的冷却速度。对强度级别大的低合金钢,焊前需预热,预热温度应大于150℃。焊后应及时进行热处理以消除内应力,或进行消氢处理加速氢的扩散,防止冷裂纹。

第四节 铸铁的焊补

一、铸铁的焊补特点

铸铁含碳量高,是脆性材料,不能作为焊接结构。铸件在铸造过程中往往会产生裂纹、气孔及浇不足等缺陷,在使用过程中有时也会损坏,对这些有缺陷的铸件或损坏的铸件常采取焊补修复。铸铁焊补时具有如下特点:

(1) 产生白口组织。在一般的焊接条件下,焊补区冷却速度比铸造时快得多,在快速冷却条件下很容易产生白口组织,使焊缝硬度升高,难以机械加工。

(2) 易产生裂纹。灰铸铁中分布着大量的片状石墨,片状石墨的尖角处易造成应力集中,在拉应力作用下易断裂。当焊接应力为拉应力时,沿焊补区的薄弱处就易产生裂纹。另外,白口组织的产生使收缩增大,促使裂纹形成。

实践中发现,在采用低碳钢焊条、镍基焊条和铜基焊条焊接铸铁时,如果母材过多地熔入焊缝金属中,则会造成焊缝中碳、硫和磷等成分增高,焊补时易产生热裂纹。

二、防止白口和裂纹的措施

(一) 防止白口的措施

防止白口的措施具体如下:

(1) 改变化学成分,增加石墨化元素的含量,可以在一定条件下防止焊缝金属产生白口组织。

气焊铸铁所用的铸铁焊丝的含硅量和含碳量较普通灰铸铁的高,在不预热焊件的情况下气焊时,则要求焊丝含硅量更高一些,并采用中性焰或轻微碳化焰以防止碳、硅过分烧损。

手工电弧焊时,如果焊前不预热工件,则冷却速度更快,所用的铸铁芯铸铁焊条也要求有较强的石墨化能力,以便在一定的焊接工艺条件配合下,使焊缝金属形成灰口组织。此外,可通过采用镍基、铜基和高钒钢等铸铁焊条材料来避免焊缝金属产生白口或其他脆硬组织。铸铁电焊条的牌号及用途如表11-2所列。

表 11-2 铸铁电焊条的牌号及用途

牌 号	药皮类型	电源种类	焊芯主要成分	主 要 用 途	切 削 性
铸 100(Z100)	氧化铁型	交直流	碳 钢	一般灰铸铁件焊补	难切削加工
铸 116(Z116)	低氢型(高钒)	交直流	碳 钢	普通及高强度灰铸铁焊补	可切削加工
铸 117(Z117)	低氢型(高钒)	直 流	碳 钢	普通及高强度灰铸铁焊补	可切削加工
铸 208(Z208)	石墨型	交直流	碳 钢	一般灰铸铁件焊补	热焊后可切削加工
铸 238(Z238)	石墨型(附加球化剂)	交直流	碳 钢	球墨铸铁件焊补	热焊并热处理后可切削加工
铸 308(Z308)	石墨型	交直流	纯 镍	灰铸铁件焊补	可切削加工

牌　号	药皮类型	电源种类	焊芯主要成分	主　要　用　途	切　削　性
铸 408(Z408)	石墨型	交直流	镍铁合金	灰铸铁及球墨铸铁焊补	可切削加工
铸 508(Z508)	石墨型	交直流	镍铜合金	灰铸铁件焊补	可切削加工
铸 607(Z607)	低氢型	直　流	紫　铜	灰铸铁件焊补	难切削加工
铸 612(Z612)	钛钙型	交直流	铜包钢芯	一般灰铸铁件焊补	可切削加工

（2）减慢冷却速度，延长熔合区处于红热状态的时间，以便石墨充分地析出，是避免熔合区产生白口的主要工艺途径。

气焊时焊补区的冷却速度慢，容易防止焊缝及熔合区产生白口组织。

手工电弧焊时，如果焊前将工件整体或焊补区局部预热，也能减缓冷却速度，防止白口组织产生。

（二）防止裂纹的措施

防止裂纹的措施具体如下：

（1）采用热焊法，焊前将铸件预热至 600～700℃，焊接过程中工作温度不能降至 400℃ 以下的焊接称为热焊法。热焊法可减小整个工件上温度分布不均所引起的焊接应力。热焊法主要用于铸铁气焊或采用铸铁芯铸铁焊条以及钢芯石墨型铸铁焊条的电弧焊。

（2）采用镍基、高钒钢及铜基等铸铁焊条，使焊缝金属具有较好的塑性，配合一定的焊接规范及工艺措施（如细焊丝、小电流及锤击等），在不预热的情况下（即电弧冷法）也可防止焊补区开裂。

三、焊补方法选择

焊补方法的选择如下：

（1）铸铁气焊时，焊缝的材质、性能、颜色和母材相近，且气焊设备简单，取材容易，因而适于焊补中小型薄壁件。但因火焰温度不及电弧温度高，气焊厚大铸铁件时生产率不如电弧焊法的高。

（2）修理已磨损的铸件时，采用冷焊法。若采用热焊法，则会因形成氧化膜等原因使零件上其他配合部位松动或不符合原有的装配精度。有时热焊法会引起铸件变形，从而改变原有的尺寸精度。

（3）毛坯面上缺陷的焊补可用热焊法，也可用冷焊法。应根据切削加工性、硬度要求、强度、颜色、缺陷类型等具体情况来选择焊接方法和焊接材料。

（4）铸铁焊补有时也用钎焊，钎焊时多用气焊火焰加热，一般用黄铜做钎料，焊后可加工，但强度较差。

第五节　非铁金属的焊接

一、铝及铝合金的焊接

（一）焊接特点

1. 易氧化

铝极易和氧起作用生成致密而难熔的 Al_2O_3，其熔点高达 2050℃，Al_2O_3 易造成焊缝金属夹杂,引起焊缝性能下降。

2. 吸气性大

液态铝可溶解大量的氢气,固态时却几乎不溶解氢。因此,在焊接冷却条件下,熔化的焊缝金属中的氢来不及析出,容易在焊缝中聚集形成气孔。

3. 导热性高

铝的热导率约比钢的大两倍,焊接时的热量损失比钢的大。因此,铝及铝合金焊接时要求大功率或能量集中的热源,厚度较大时需考虑预热。

4. 热胀冷缩现象比较严重

铝的线胀系数和收缩率都比较大,因而易产生较大的焊接应力和变形,对刚性大的结构可能会导致裂纹的产生。

5. 高温强度低

高温时铝的强度很低,常常不能支持液体熔池金属的重量而使焊缝塌陷,因此焊接时常需采用垫板。另外,铝及铝合金由固态转变为液态时无颜色变化,使焊接操作产生困难。

(二) 焊接方法及焊接材料的选择

铝及铝合金焊接常用的方法有气焊、手工电弧焊、氩弧焊、压力焊和钎焊等。

气焊和氩弧焊所用焊丝的选择列于表 11-3 中。焊件厚度与焊丝直径的关系列于表 11-4 中。

气焊特别适用于薄板(0.5~2.0mm)构件的焊接和铸铝件的焊补。焊补铸铝件时,焊丝化学成分与铸件金属相同,直径可适当粗些,一般为 5~8mm。

表 11-3　铝及铝合金焊接时焊丝的选择

同种基体金属	焊　丝	异种基体金属	焊　丝
纯铝 L1~L6	同基体金属或 HS301	L4 与 LF21	LF21 或 HS311
LF21	同基体金属或 HS321	LF21 与 LF2	LF2 或 HS321、HS331
LF2~LF5	同基体金属或 HS331	LF21 与 ZL7	ZL7 或 HS311
LF6	同基体金属或 LF14	LF2 与 ZL10	ZL10 或 HS311

表 11-4　焊件厚度与焊丝直径的关系

焊件厚度/mm	<1.5	1.5~3.0	3~5	5~10	10~20
焊丝直径/mm	1.5~2.0	2~3	3~4	4~5	5~6

气焊薄壁小件时一般不预热。当气焊厚度大于 5mm 及结构复杂的焊件时,为了减少焊接变形和焊接裂缝,焊前应采用预热工艺。可采用电炉或火焰加热方法来预热,预热温度应根据材料、板厚及结构形状而定,一般不超过 200~250℃。

焊接 3mm 以下的薄板时,采用左焊法,当板厚大于 5mm 时,也可采用右焊法。

气焊铝及铝合金使用中性焰,既防止焊缝金属氧化,又防止乙炔中氢的有害作用。

铝及铝合金气焊焊嘴大小与焊件厚度的关系如表 11-5 所列。焊炬与焊件的角度在薄板焊接时控制在 30°~45°,5mm 以上的厚板焊接时应保持在 45°~70°,以增加熔解。焊接不同厚度或难熔材料时,火焰应偏向较厚的或难熔材料的一边。

表 11-5　铝及铝合金气焊焊嘴大小与焊件厚度的关系

焊件厚度/mm	<1.5	1.5~3.0	3~4	4~10	10~20
焊嘴号码	H01—6	H01—6	H01—6	H01—12	H01—12

手工电弧焊时使用铝及铝合金焊条,焊条牌号及用途列于表 11-6 中。铝焊条的药皮必须具有除掉氧化膜和稳弧的作用,同时要求熔渣密度小,浮在熔池表面,焊后易去除。药皮配方主要由氯盐(KCl、NaCl、LiCl)和氟化盐(Na₃AlF₆、NaF)组成。因均为盐类,因此易吸潮,使用前要烘干。

表 11-6　铝及铝合金焊条牌号及用途

焊条牌号	用　途	熔敷金属化学组成(质量分数)
L109(铝 109)	焊接纯铝及一般接头强度要求不高的铝合金	Al>99%
L209(铝 209)	焊接铝板、铝硅铸件、一般铝合金及硬铝	Si 为 5%~12%的铝硅合金
L309(铝 309)	焊接纯铝、铝锰合金及其他铝合金	Mn 为 1.0%~1.5%的铝锰合金

铝及铝合金手工电弧焊采用直流反接法,焊接规范如表 11-7 所示。对厚大件需采取预热措施,预热温度 100~300℃。

表 11-7　铝及铝合金手工电弧焊规范

焊条直径/mm	焊件厚度/mm	焊接电流/A	焊接电压/V
3.2	<3	80~110	20~25
4	3~5	110~150	22~27
5	5~8	150~180	22~27

氩弧焊具有保护效果好、电弧稳定、热量集中、焊缝成形美观、焊接质量好以及操作容易等特点,所以是铝及铝合金熔化焊中一种比较完善的焊接方法。

钨极氩弧焊通常用交流电源。若采用直流正接法则对焊件无阴极破碎作用,不能去除氧化膜,使焊接质量恶化。当采用直流反接法时,虽对焊件有阴极破碎作用,但易引起钨极严重过烧和熔化,焊接电流受到很大限制,因此采用交流电源,用交流负半波的阴极破碎作用去除氧化膜。当焊件为正半波时,钨极为阴极,因而与直流反接法相比,可采用较高的电流密度。

熔化极氩弧焊则采用直流反接法,对焊件氧化膜有阴极破碎作用。其特点是可选用大的电流密度和高的焊接速度,适用于中厚板的焊接。

铝及铝合金在气焊、手工电弧焊和电阻焊前首先应清理焊件和焊丝上的氧化膜。氧化膜的清洗可用化学清洗法和机械清洗法。

二、铜及铜合金的焊接

(一) 焊接特点

铜及铜合金的焊接特点如下:

(1) 虽然铜并不是很易氧化的金属,但在液态时,也会不可避免地发生一定的氧化,生成的氧化亚铜(Cu_2O)。铜易形成低熔点的共晶体,分布在晶界上,易引起热裂纹。

(2) 铜及铜合金具有很高的导热性,比碳钢的大 5~8 倍,所以焊接时热量要集中,对于厚大件还需采取预热措施。

（3）铜及铜合金线胀系数大，凝固时收缩率也较大，因此焊接应力与变形大。

（4）气孔是铜及铜合金焊接中常见的缺陷之一，产生的主要原因是液态铜能溶解大量的氢气，冷却凝固时溶解度下降，过剩的氢来不及逸出，形成气孔。另外，高温时氧化亚铜与气体（H_2、CO）反应，使铜还原而生成不溶解于铜液中的水蒸气和二氧化碳气体，这些气体在铜液凝固前未能全部逸出则形成气孔。

（5）铜合金中的合金元素比铜更易氧化、蒸发及烧损，使合金成分发生变化，焊缝性能下降，并导致热裂纹、气孔及夹渣等缺陷的产生。

（二）焊接方法选择

1. 紫铜焊接

紫铜可用气焊、碳弧焊、手工电弧焊、氩弧焊、埋弧焊和钎焊等方法焊接。焊前应清除焊件和焊丝表面上的油污和氧化物，直到露出金属光泽为止。

气焊时常用的焊丝有特制紫铜焊丝"HS201"、低磷铜焊丝"HS202"或与被焊金属化学成分相同的焊丝。气焊粉用"CJ301"。应采用严格的中性焰，不能采用氧化焰和碳化焰。因氧化焰使熔池金属发生氧化，生成氧化亚铜而引起焊接裂缝；碳化焰因含有过量的氢而使焊缝产生气孔。

紫铜气焊一般采用左焊法，对于厚大件也可采用右焊法。

紫铜气焊后的接头力学性能常低于基体金属性能。为了改善焊接接头的组织和性能，常用锤击焊缝及焊后进行热处理的方式来细化晶粒。

碳弧焊时所用的焊丝、焊粉与气焊时相同。由于碳弧焊时，电弧温度高，易使液态铜流失，为了保证焊缝成形良好，常采用衬垫。碳弧焊应采用直流正接法，长弧焊接，弧长需维持在16～25mm，这样可避免石墨电极末端12mm区域内的碳极烧损而生成的一氧化碳与氧化亚铜反应，即避免了一氧化碳与氧化亚铜反应而引起的二氧化碳气孔。应选用大电流，快速进行焊接。

氩弧焊是比较完善的焊接方法。焊前焊件往往需预热。紫铜钨极氩弧焊常用直流正接法，这样可实现大电流高速焊接。在焊接含氧铜时，采用普通的紫铜焊丝，必须加铜焊粉以改善熔池流动性和脱氧能力。

2. 黄铜焊接

气焊是黄铜焊接中应用最广的焊接方法。用含硅的黄铜焊丝能防止和减少焊接熔池中锌的烧损和气孔的产生。气焊粉与紫铜焊接的相同。气焊时采用轻微的氧化焰可使熔池金属表面形成一层氧化锌薄膜，阻止锌的进一步蒸发和氧化。黄铜导热能力比紫铜的小，所以焊接一般黄铜件可不预热，但厚大件还需预热。

目前黄铜堆焊中常采用气体熔剂。当乙炔通过盛有气体熔剂的容器时，携带该蒸气进入到焊炬内，与氧燃烧后的生成物保护熔池金属不再氧化。目前使用的气体熔剂含硼酸甲酯（$(CH_3)_3BO_3$）66%～75%（体积分数），其余为甲醇（CH_3OH）。这种混合物在常压下的沸腾温度为54℃左右。在室温下，这种混合物具有高的蒸气压力。该蒸气进入焊炬氧化燃烧后可与金属氧化物作用而产生硼酸盐（$CuO \cdot B_2O_3$；$ZnO \cdot B_2O_3$），它以薄膜形式浮在熔池的表面，有效地防止了锌的蒸发并保护熔池金属不再氧化。使用气体熔剂不需另加焊粉，焊后无残留的焊粉及夹杂物，免除了清理工作。

黄铜氩弧焊用得较少。因锌的蒸发破坏了氩气的保护效果，所以采用氩弧焊必须增大氩气流量。钨板氩弧焊采用交流电,比直流正接时锌蒸发少。

3. 青铜的焊接

青铜的焊接主要用于铸件缺陷和损坏机件的焊补。

锡青铜焊接性能较差,主要是因为锡的偏析和氧化。氧化后的氧化物(SnO_2)溶解于铜中,引起焊缝的质量下降。锡的偏析,削弱了晶间结合力,降低了合金的强度,是引起裂纹的根源。

焊前要将铸造缺陷处清洗干净并预热到$300\sim450℃$,焊后缓冷。锡青铜可用气焊、手工电弧焊以及钨极手工氩弧焊进行焊补。

气焊丝可选用与基体金属化学成分相同的铸造青铜棒。焊粉与紫铜的相似。采用中性焰。手工电弧焊用锡青铜电焊条,焊后立即锤击焊缝。锡青铜的钨极手工氩弧焊与紫铜氩弧焊基本相同。

铝青铜焊接的主要困难是铝的氧化。难熔的氧化铝阻碍了熔池金属的熔合,产生焊缝夹渣。气焊、碳弧焊用焊粉很难将氧化铝膜除去。常用的焊接方法主要是手工电弧焊和氩弧焊。手工电弧焊用特制的焊条,因药皮中含有CaF_2,使用直流反接法。钨极氩弧焊用交流电焊接,焊丝成分与基体金属成分相同。熔化极氩弧焊往往在钢件表面上堆焊铝青铜。

第六节 焊接缺陷与检验

一、焊接缺陷

焊接过程中的操作技术不良、规范选择不适、母材本身质量不好、可焊性差、焊接材料选配不当、焊接顺序不合理、焊缝清理不干净以及焊接结构设计不合理等都会造成焊接缺陷。这些缺陷直接影响焊接构件的强度与安全性,因而应尽量避免缺陷的产生并想办法消除已产生的缺陷。熔化焊焊接缺陷的种类如下。

(一)形状及尺寸上的缺陷

1. 变形

由于焊缝收缩产生的残余应力引起焊接构件变形。变形的基本形式及防止措施详见第十二章。

2. 焊缝形状缺陷

由于操作技术不良而引起的缺陷。如图11-2(a)为理想的焊缝,图11-2(b)是咬边缺陷,即在焊缝边缘母材上被电弧烧熔的凹槽。造成咬边的主要原因是由于焊接电流过大、电弧过长及角度不当。图11-2(c)是焊瘤,即正常焊缝外多余的焊接金属。焊瘤是由于熔池温度过高,液态金属凝固较慢,在自重作用下下坠而形成的。

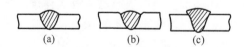

(a)　　　　　　(b)　　　　　　(c)

图11-2 焊缝形状缺陷

(a)理想的焊缝;(b)咬边缺陷;(c)焊瘤。

(二)焊缝内部缺陷

1. 气孔

气孔是熔池中的气体来不及逸出而停留在焊缝中形成的。低碳钢焊缝的气孔主要是由氢气或一氧化碳气造成的。气孔直径大多为 2~3mm。

2. 夹渣

夹渣多数是在前道焊缝的熔渣未清理干净又开始焊接第二道焊缝的情况下产生的,使夹渣残留在焊缝内,或者是由于焊件未清理干净所致。

3. 未焊透

熔化金属未填满而引起的缺陷。在平板对接、角接和搭接接头中往往由于电流过小或焊接速度较快而导致未焊透。或者由于坡口角度过小,间隙过窄而造成。

4. 虚焊(未熔合)

虚焊指填充金属与母材之间彼此没有熔合在一起而只是填充金属黏盖在母材上,主要是由于焊接温度不足而造成的。加大焊接电流,放慢焊接速度,使热量增加到足以熔化母材或前一层焊缝金属,避免虚焊。

5. 裂纹

裂纹是焊缝中最危险的缺陷,大部分结构的破坏是由裂纹造成的。裂纹产生的原因常与焊件的化学成分以及可焊性有关。如焊缝金属中硫、磷含量高,或有氢存在时易产生裂纹。钢中碳含量高时焊后易产生裂纹。焊接结构设计不合理,焊缝过于集中使焊接应力增大及结构刚性过大都会造成裂纹。

二、焊接检验

焊接检验是保证产品质量优良、防止废品出厂的重要措施。检验内容包括从图样设计到产品的整个生产过程中所使用的材料、工具、设备、工艺过程和成品质量等的检验。现将原材料检验及成品检验分述如下。

(一)原材料检验

原材料检验包括基体金属(母材)质量检验、焊丝及焊条质量检验、焊剂检验等。

1. 基体金属质量检验

焊接结构使用的金属种类很多,同类金属材料亦有不同的型号。使用时应根据金属材料的型号和出厂质量检验证书加以鉴定,并抽样复核。新材料或没有出厂证的材料必须进行化学成分分析、力学性能实验及可焊性实验后才能投产使用。

2. 焊丝及焊条质量检验

焊丝化学成分应满足国家标准。必要时对焊丝应进行化学成分校核、外部检查及直径测量。焊丝表面不应有氧化皮、锈及油污等。

焊条质量检验应首先检查其外表质量,然后核实其化学成分、力学性能和焊接性能等是否符合国家标准或出厂的要求。对焊条的化学成分及力学性能进行检验时,首先用这种焊条焊成焊缝,然后对其焊缝进行化学成分和力学性能测定,合格的焊条其焊缝金属的化学成分及力学性能应符合其说明书所规定的要求。所谓焊接性能良好的焊条,是指在说明书所推荐的规范下焊接时,焊条容易起弧、电弧稳定、飞溅小、药皮熔化均匀、熔渣流动性好、覆盖均匀及脱渣容易等,并且在一般情况下,焊缝中不应有裂纹、气孔及夹渣等工艺缺陷。

焊条药皮是否紧密,对直径小于4mm的焊条,从0.5m处平放自由落在钢台上,药皮不损坏为好。

3. 焊剂的检验

焊剂检验主要是检验其粒度、成分、焊接性能及湿度。焊剂应与焊丝配合使用,方能保证焊缝金属的化学成分及力学性能合乎要求。具有良好性能的焊剂,其电弧燃烧稳定,焊缝金属成形良好,脱渣容易,焊缝中没有气孔、裂缝等缺陷。

(二)焊后成品的检验

1. 非破坏性检验方法

非破坏性检验是指全部检验过程对焊接接头不做任何破坏。常用的方法如下。

1)外观检验

用肉眼或利用5~10倍的放大镜进行观察。用这种检验方法可发现咬边、外部气孔、裂纹、焊瘤、焊穿和焊缝外形尺寸不符合要求等宏观缺陷。

2)致密性检验

(1)水压实验,这种方法用来检验管子、油箱和水箱等各种容器的致密性。一般先装上水,施加一定压力,看其是否有渗漏现象。

(2)气压实验,按容器所受压力情况的不同,气压实验又分为静气压实验、氨气实验和煤油实验。

静气压实验是使容器内通入一定压力的压缩空气,并在容器壁的焊缝处涂上肥皂水,当焊缝中有穿透性的缺陷时,容器内的气体就会从这些缺陷中逸出,使肥皂水起泡,由此可发现焊缝中缺陷的位置。

氨气实验被用于检验蒸气管道的气密性。将管子内通入含有10%氨的气体,并在管子外壁的焊缝处贴上比焊缝宽的硝酸汞溶液的试纸,若焊缝有漏泄,则试纸会呈现黑色斑点。

(3)煤油实验,在焊缝正面涂上煤油,反面涂上白粉,若有漏泄则白粉上呈现出黑色斑纹,由此可确定焊缝的缺陷位置。

3)磁粉检验

在被磁化过的焊缝表面撒上细小的铁粉,则在焊缝缺陷上部的铁粉就会聚集起来,由此即可发现焊缝内部的缺陷位置。

4)射线检验

检验焊接接头内部缺陷的最有效办法是对焊接接头进行 X 射线和 γ 射线检验。X 射线和 γ 射线是穿透能力很强的电磁波,可透过一般的金属与部分非金属。当经过不同的物质时,会引起不同程度的衰减,从而使金属另一面的照相底片得到不同程度的感光。若焊缝中有气孔、夹渣及裂纹等缺陷时,则通过缺陷处的射线衰减程度小,因此在底片上感光较强,底片冲洗后,就在缺陷部位上显示出明显可见的黑色条纹和斑点。由此检验人员可按标准评定焊缝的质量等级。

γ 射线显现缺陷的敏感性比 X 射线略差,因此较微小的缺陷往往不能发现,照相观察也较难一些,故不宜用于薄板接头的检验。

5)超声波检验

超声波检验的基本原理是利用声波通过有缺陷的金属时会有不同的渗透性,若将这些声波反映在示波仪的荧光屏上,即可与正常的声波做出鉴别、比较,由此可以确定缺陷的大小及位置。该法是简便、快速的检验方法。

随着科学技术的发展,无损探伤方法也得到创新,声发射探伤、全息探伤、中子探伤和液晶探伤等检验方法开始在焊缝质量检验中应用。

2. 破坏性检验

1）力学性能检验

力学性能检验有拉伸实验、弯曲实验、冲击实验、疲劳实验和剪切实验等。实验时在焊缝处取样，做成试样，在相应设备上进行。

2）焊缝的化学分析实验

实验方法一般用 6mm 左右的钻头，从焊缝中钻取试样，然后用仪器进行碳、硅、锰、硫及磷等成分的分析。

3）焊接接头的金相组织检验

首先在焊接实验板上截取试样，经机械加工后再打磨、抛光并腐蚀，然后放在金相显微镜下进行观察，可了解焊接接头的金相组织情况，即焊缝中氧化夹杂物的数量、氢白点的分布及晶粒度大小等。

复习思考题

1. 低碳钢热影响区共分几个区段？对焊接接头的质量有何影响？如何消除热影响区？
2. 低碳钢焊接特点有哪些？常采用哪些焊接方法和焊接材料进行焊接？
3. 焊接中碳钢一般应采取哪些工艺措施？
4. 铸铁焊补时防止产生白口和裂纹的措施有哪些？什么情况下不宜采取热焊法？
5. 焊接铝及铝合金常用的方法有哪几种？哪种方法焊缝质量最好？为什么？
6. 焊接检验有何意义？焊后成品质量检验有哪些方法？

第十二章　焊接结构设计与工艺设计

第一节　概　述

焊接构件设计之前,首先应充分了解构件的使用目的和使用条件,从而可正确判断采用焊接结构是否合适。焊接的过程伴随着热量的传播与分布、冶金反应和结晶与相变,因而与其他加工过程相比有自己的特点。为了正确地设计焊接结构,必须了解有关焊接方面的知识,例如焊接材料、接头形式、焊接方法以及与此相适应的焊接工艺等。

焊接结构与铆接结构、铸件结构及锻件结构相比有它独特的优点:

(1) 与铆接结构相比气密性好,可防止气体、油的泄漏。

(2) 铆接结构受材料厚度的限制,而焊接结构则不受材料厚度的限制,可作大型构件。

(3) 焊接构件接头可采用对接,而铆接只能采用搭接接头,因而焊接结构与铆接结构相比重量轻。

(4) 因用焊接方法制造大型结构或复杂的机器零部件时,可以用化大为小、化复杂为简单的方法来准备坯料,所以焊接结构与铸件结构、锻件结构相比,其结构图比较简单。

(5) 在造船和车辆行业,焊接结构制造方便,生产周期短,显示出特有的优越性。

(6) 因为使用焊接的方法可以把异种金属连接在一起,所以焊接结构可以是双金属结构。

(7) 焊接结构比铸件结构节省材料,生产周期短。焊接结构的截面可以按设计的需要来选取,而铸件结构则因受到铸造工艺的限制比同样作用的焊接结构截面大,重量大。

但是焊接结构也有不足之处,主要表现如下。

(1) 焊接结构有较大的焊接应力和变形,甚至使构件焊后产生裂纹。现以平板对接为例说明焊接残余应力的产生与分布,以及构件变形情况。

平板对接焊如图 12-1 所示。两板 A 焊合时,熔化金属 B 要凝固收缩,而板 A 的温度低,阻碍了 B 部金属的收缩,结果焊后在 B 处产生残余拉应力,母材 A 上则产生压应力。

在两板 A 焊接的过程中,B 处附近受热膨胀,其膨胀受到两边低温金属的阻碍,而产生了压缩塑性变形,当冷却收缩后则长度会变短。

焊后不仅产生纵向应力,还会产生横向应力。平板对接焊时,由于焊缝区的纵向收缩,使焊件变形有图 12-2 所示的趋势。焊缝中部出现了拉应力,焊缝两端出现了压应力。

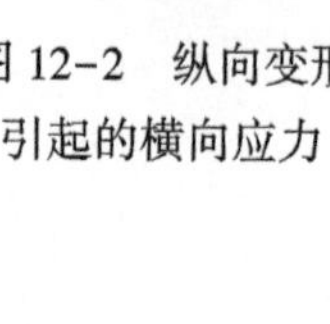

平板对接焊时产生的残余应力分布曲线如图 12-3 所示。图中 σ_L 为沿 L 方向的应力(纵向应力),σ_T 为沿 T 方向的应力(横向应力)。σ_L-T 曲线为纵向应力沿横向变化的曲线,σ_T-T 曲线为横向应力沿纵向变化的曲线。

总之,焊接过程中对焊件进行了局部的不均匀加热,是产生应力与变

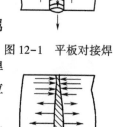

图 12-1　平板对接焊

图 12-2　纵向变形
引起的横向应力

形的根本原因。焊接变形是多种多样的,最常见的是图 12-4 所示的几种基本形式。

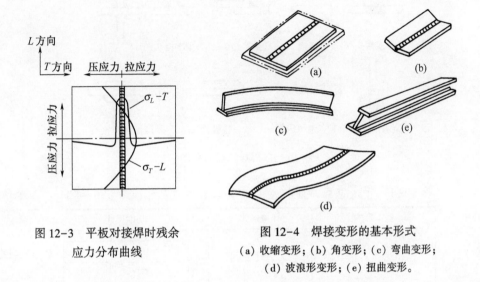

图 12-3 平板对接焊时残余
应力分布曲线

图 12-4 焊接变形的基本形式
(a) 收缩变形;(b) 角变形;(c) 弯曲变形;
(d) 波浪形变形;(e) 扭曲变形。

构件焊后尺寸缩短是由于金属热膨胀受到压缩塑性变形而引起冷却后尺寸缩短;角变形是由于焊缝截面形状上下不对称,焊后收缩不均匀引起的;弯曲变形是由于焊缝布置不对称而引起的;波浪形变形是由于薄板在压应力作用下失稳引起的;扭曲变形一般是由于焊接工艺不合理或焊缝不对称引起的。

(2) 焊接接头与铆接接头相比止裂性能差。焊缝除了起着类似铆钉的连接元件作用之外,还与基体金属组成一个整体。由于焊接接头的这种连续性,给裂纹的扩散创造了有利条件,裂纹一旦扩展就不易制止,而铆接缝往往可以起到限制扩展的作用。

(3) 焊接结构与铸铁件相比振动衰减小,对于机床床身来说,吸收振动能力较铸铁件弱。

(4) 焊接质量与焊接技术有很大关系,从这个意义上来讲,构件的质量缺乏均匀性。

由于焊缝金属的成分和组织与基体金属的不同,焊接热影响区各区段组织性能不同,因而焊接构件的组织不均匀程度远远超过铸件和锻件。

第二节 焊接接头与坡口

一、焊接接头的种类

焊接接头是焊接结构最基本的组成部分。常用的接头形式有对接接头、角接接头、搭接接头、T 字接头、十字接头、喇叭形接头、槽接接头、单面盖板接头及两面盖板接头等,如图 12-5 所示。

二、坡口形式

为了保证焊接时得到完整的接头,焊接接头处应根据工件厚度、焊接方法等适当地在焊前预制各种坡口。手工电弧焊焊接低碳钢和低合金钢时基本形式与标注方法如表 12-1 所列(选自 GB 985—80)。

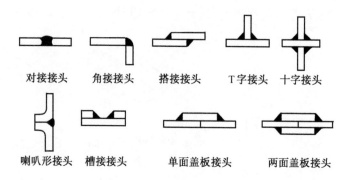

对接接头　　角接接头　　搭接接头　　T字接头　　十字接头

喇叭形接头　槽接接头　　单面盖板接头　　两面盖板接头

图 12-5　焊接接头的种类

表 12-1　手工电弧焊焊接接头的基本形式与尺寸(GB 985—80)　　单位:mm

序号	适用厚度	基本形式	焊缝形式	基本尺寸			标注方法
1	1~3		$S \geq 0.7t$	t	$\geq 1.5 \sim 2$	$>2 \sim 3$	
				b	$0^{+0.5}_{0}$	$0^{+1.0}_{0}$	
2	3~6			t	$\geq 3 \sim 3.5$	$>3.5 \sim 6$	
				b	$0^{+1.0}_{0}$	$0^{+1.5}_{-1.0}$	
3	2~4			t	$\geq 2 \sim 4$		
				b	$2^{+1.5}_{-2.0}$		
4	6~26		$S \geq 0.7t$	t	$\geq 6 \sim 9$	$>9 \sim 15$ $>15 \sim 26$	
				b	1 ± 1	2^{+1}_{-2} 3^{+1}_{-3}	
5				P	1 ± 1	2^{+1}_{-2} 2^{+1}_{-2}	
6	6~26			t	$\geq 6 \sim 9$	$>9 \sim 15$ $>15 \sim 26$	
				b	3 ± 1	4 ± 1 5 ± 1	
				P	1 ± 1	2^{+1}_{-2} 2^{+1}_{-2}	
7	3~26			t	$\geq 3 \sim 9$	$>9 \sim 26$	
				a	$70° \pm 5°$	$60° \pm 5°$	
				b	1 ± 1	2^{+1}_{-2}	
8				P	1 ± 1	2^{+1}_{-2}	

序号	适用厚度	基本形式	焊缝形式	基本尺寸	标注方法
9 / 10	12~60	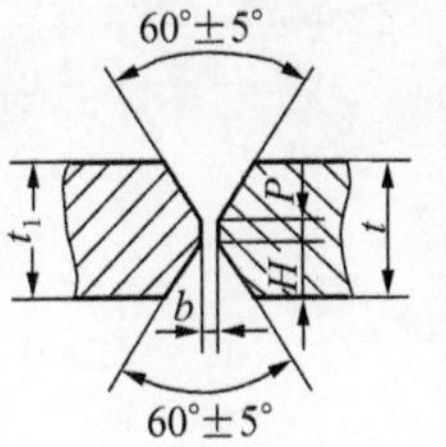 $60°\pm5°$ t_1 H P t b $60°\pm5°$		t: $\geq12\sim60$; b: 2^{+1}_{-2} ; P: 2^{+1}_{-2}	
11 / 12	2~8	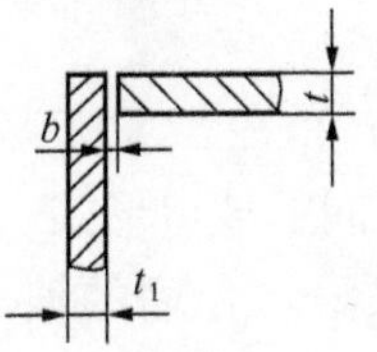 b t t_1 $S\geq0.7t$	K	t: $\geq2\sim4$ | $>4\sim8$; b: 0^{+1}_0 | 0^{+2}_0 ; K_{min}: 3 | 3	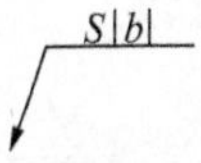 $S\|b$ / $K\ b$
13 / 14	12~30	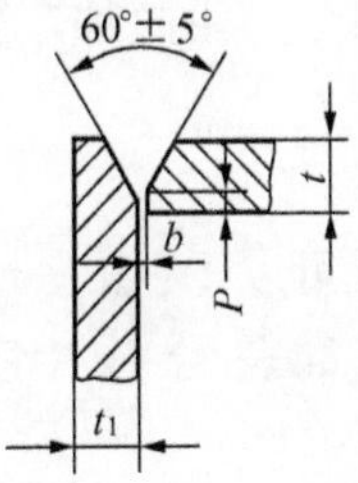 $60°\pm5°$ b P t t_1 $S\geq0.7t$	K	t: $\geq12\sim7$ | $\geq17\sim30$; b: 0^{+3}_0 ; P: 2^{+1}_{-2} ; K_{min}: 4 | 6	$S\times P$
15	20~40	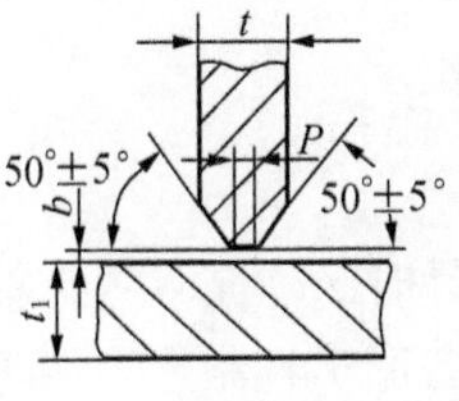 t P $50°\pm5°$ b t_1 $50°\pm5°$		t: $\geq20\sim40$; b: 2^{+1}_{-2} ; P: 2 ± 1	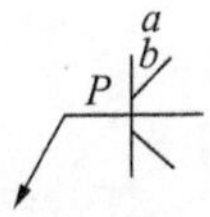
16	2~30	t_1 b l t	K	t: $\geq2\sim5$ | $>5\sim30$; b: 0^{+1}_0 | 0^{+2}_0 ; l: $\geq2(t_1+t)$; K_{min}: $t+b$	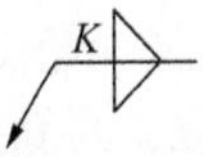 K

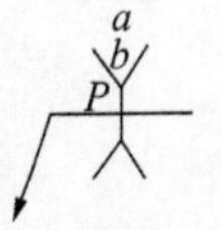

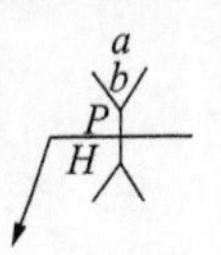

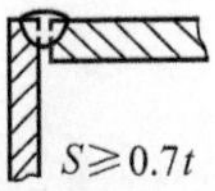

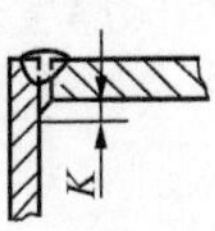

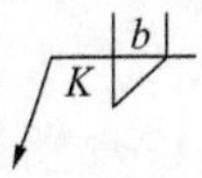

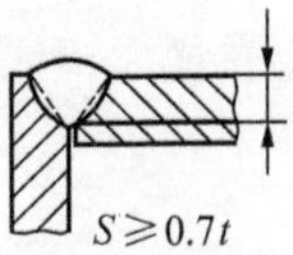

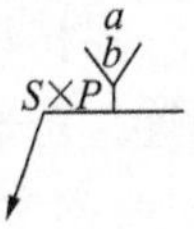

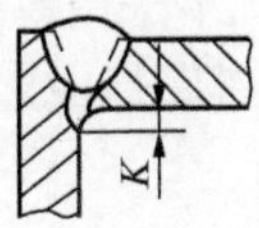

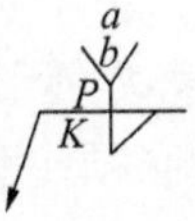

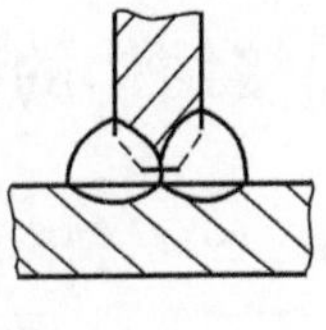

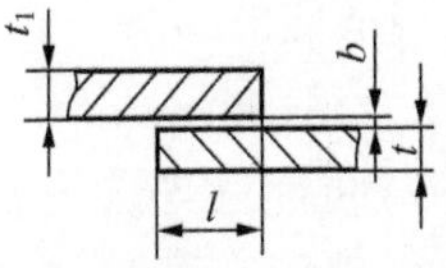

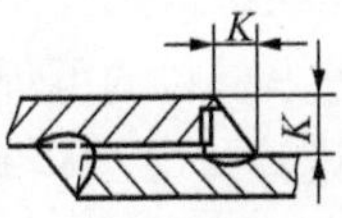

注：S 为焊缝有效厚度。

对接不同厚度钢板的重要受力接头时，如果两板厚度差不超过 4mm，则焊接接头与坡口的基本形式与尺寸按较厚板的尺寸来选取。否则，应在较厚的板上做单面或双面削薄，其削薄长度 $l\geq3(t-t_1)$，式中 $(t-t_1)$ 为两板厚度差，如图 12-6 所示。

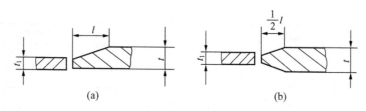

图 12-6　不同厚度钢板对接

(a) 单面削薄；(b) 双面削薄。

三、焊接接头与坡口的选择

焊接接头及坡口的选择应考虑焊接结构的种类及焊接方法、载荷的种类及大小、板厚及材质，以及变形、焊接的难易等。

（一）对接接头特性

对接是板材焊接中最基本的一种形式。对接接头受力均匀，在要求接头具有一定强度和气密性的重要受力焊缝中应尽量采用。根据板的厚度选用不同的坡口形式。从减少焊接量来看，坡口角度越窄越好，但过窄，熔焊不充分，会产生虚焊缺陷。合理的坡口角度及尺寸如表 12-1 所列。

（二）搭接接头特性

搭接接头不需开坡口，省工时，但消耗金属量大，且受力时会产生附加弯矩，受力不大的平面连接可选用搭接接头。

（三）焊缝形式

在载荷小、不施加冲击和交变载荷的情况下采用单面焊就可以了，如表 12-1 中序号 1、4、7 等焊缝形式；受力复杂、重载荷情况下采用封底焊或双面焊，如表 12-1 中序号 2、5、8 等，此时必须注意未熔合缺陷的产生。

此外，选择焊接接头时也要注意考虑焊接操作简单、焊接部位容易检验、避免接头应力等问题。

第三节　焊接结构的工艺性

焊接结构需采用具体的焊接方法来制造，因此，结构设计时必须充分考虑材料的可焊性及焊接过程的工艺性。应使焊缝布置合理、结构强度高、应力变形小且制造方便等。

一、焊接结构材料的选定

构件设计时，首先应根据构件受力情况经济地选择与其相适应的材料。对于焊接构件，应从焊接角度来考虑选择合适的材料，即应考虑材料的可焊性。一般来说，低碳钢和含碳量小于 0.2% 的低合金钢都具有良好的可焊性，在设计焊接结构时应尽可能优先选用。

镇静钢脱氧完全、组织致密、质量较高，重要的焊接结构应选用这种钢材。沸腾钢含氧量较高，焊接时易产生裂纹，一般不易用作承受运载或严寒下工作的重要焊接结构。

焊接同种金属时，因焊接材料（焊条、焊丝、焊剂等）与基体金属成分的差别，或因合金元素的烧损会造成焊缝成分的不均匀性，所以在选择焊接材料时，通常总是力求使它的成分尽量接近基体金属的成分。只是在要求提高焊缝金属的机械强度时，才允许焊接材料的成分与基体金属略有不同。

对异种金属的焊接,更需特别注意它们的可焊性。在异种金属的焊接接头中,焊缝金属至少与一种基体金属的成分有很大的差别。因此,在与成分不同的基体金属相比邻的焊缝中,由于基体金属的熔化,不可避免地要产生成分过渡的区段,过渡区的成分可能与基体金属及熔敷金属的性能都不相同。在异种金属焊接接头的过渡区中,可能产生各种形式的脆性层和低强度层,会降低焊件的性能。异种金属的焊接必须对各项因素进行分析,从而掌握最佳焊接工艺,以保证异种金属焊接构件的使用性能。

二、焊接结构应施焊方便

焊接结构的工艺性应根据所选定的焊接方法首先考虑焊接操作是否方便,否则有时因设计不合理不能实现焊接,或因施焊条件太困难而使接头质量下降。

手弧焊时要考虑留有适当的焊条操作空间。图 12-7(a)所示的结构不合理,图 12-7(b)所示的结构合理。

埋弧自动焊应考虑便于存放焊剂。图 12-8(a)所示结构存放焊剂困难,图 12-8(b)则有所改进。

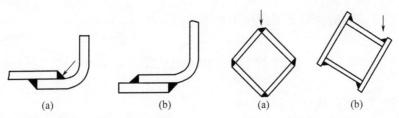

图 12-7　手弧焊结构比较　　　图 12-8　埋弧自动焊结构比较

点焊或缝焊应考虑电极伸入方便。图 12-9(a)所示结构电极伸入困难,图 12-9(b)所示结构则方便。

三、焊接结构设计应有利于减少焊接应力与变形

（一）焊缝布置要合理

1. 焊缝应避免过分密集

密集的焊缝会使焊接热影响区扩大,焊缝晶粒粗大,焊接过程因温差较大造成应力。图 12-10 中(a)不合理、(b)合理。

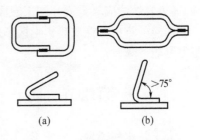

图 12-9　点焊或缝焊结构比较

2. 应尽量减少焊缝的数量

因焊缝越多,产生缺陷的可能性越大,所以应适当利用型钢或冲压件,以利于减少焊缝数量。图 12-11(a)所示的结构改为 12-10(b)的结构,焊缝数量减少。

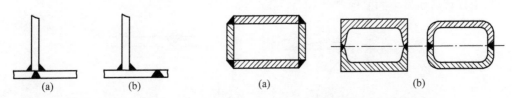

图 12-10　焊缝避免密集　　　　　图 12-11　减少焊缝数量的结构

3. 焊缝应避开焊接结构的最大应力处

如图 12-12 所示,(a)不合理、(b)合理;(c)不合理、(d)合理。

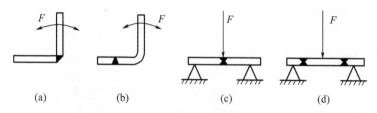

图 12-12　焊缝应避开最大应力处

（二）在构件截面改变的地方必须设计成平缓过渡,不要形成尖角

尖角易引起应力集中。图 12-13 中(a)不合理、(b)合理。

（三）在设计结构时应尽量采用应力集中小的对接接头

对不同厚度的构件的对接接头应当尽可能采用平滑过渡。

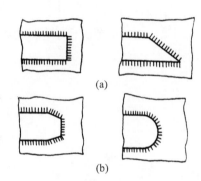

图 12-13　尖角过渡和平滑过渡的接头

（四）结构刚度要合理

在满足使用条件的前提下,应当尽量减少结构刚度,以期降低应力集中和附加应力的影响。

（五）焊缝应尽量避开加工表面

这样可防止焊缝或热影响区形成的脆硬组织影响加工性。另一方面,焊缝经加工后承载能力可能下降。

第四节　防止和减少焊接结构变形的工艺措施

为了防止和减少焊接变形,不但在设计时应尽可能采用合理的结构形式,而且在焊接时应采取必要的工艺措施。

一、反变形法

用经验和计算方法预先判断焊后可能发生的变形大小和方向,将工件安置在相反方向的位置上进行焊接,焊后则可防止和减小变形,如图 12-14 所示。或者在焊前使工件反方向变形,以抵消焊接后所发生的变形。

图 12-14　平板焊接的反变形
（a）焊前反变形;（b）焊后。

二、加裕量法

在工件尺寸上加上一定的收缩裕量,以补充焊后的收缩,通常裕量为 0.1%~0.2%。

三、刚性夹持法

对塑性好的低碳钢结构,焊前将工件固定夹紧,焊接过程中可通过一定的变形使应力缓解,减少焊后变形。此法对淬硬性较大的钢材及铸铁等脆性材料则不能使用,以免造成断裂。

四、选择合理的焊接次序

如果构件的对称位置上都有焊缝,则应合理安排焊接次序,使焊缝收缩能互相减弱。工字梁的焊接次序如图 12-15(a)所示;X 形坡口的焊接次序如图 12-15(b)所示;平板的焊接次序如图 12-15(c)所示。

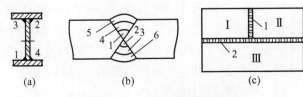

图 12-15 合理的焊接次序

(a) 工字梁;(b) X 形坡口;(c) 平板。

五、采取焊前预热焊件的措施

焊前预热焊件可减少焊接应力,应力减少,变形则会减弱。

六、焊后进行去应力退火

焊后进行去应力退火可消除残余应力,避免在应力作用下的变形。

七、对焊后已产生变形的构件进行变形矫正

常用的方法有在压力机、矫直机上进行机械加力矫直和火焰加热矫正法。利用氧-乙炔焰在焊件适当的部位上加热,使工件在冷却收缩时产生与焊接变形反方向的变形,以矫正焊接时所产生的变形。如图 12-16 所示,用火焰在图示腹板位置进行加热,加热区呈三角形,然后冷却使腹板收缩,引起工件反向变形,可使工件矫直过来。变形矫正多用于塑性好的低碳钢及低合金钢。

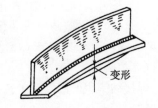

图 12-16 挠曲工件的加热矫正

第五节　焊接工艺设计的内容及步骤

一、准备工作

列出产品明细,注明生产纲领(年产量)。

研究产品图样和技术条件,考虑是否有工艺性更好、更合理的焊接结构代替原设计的焊接结构,但任何改动不得降低原设计的承载能力和其他工作性能。

二、产品工艺过程分析

产品工艺过程分析也称工艺方案论证,是针对产品结构和技术要求,参考拟定产品的生产工艺,依据工厂具体条件,从保证焊接产品质量、降低成本的角度出发制定工艺原则,对一个设计提出几种工艺方案,列出其利弊供主管部门审批。

三、制订工艺过程

在工艺方案确定的基础上,制订工艺过程,其内容包括:

(1) 按产品图样及技术要求,将产品分解成总成、部件、组件和零件。

(2) 确定零件、组件、部件和总成的合理加工方法。

（一）零件准备

1. 钢材矫正

首先要对因种种原因引起的钢材变形进行矫正,以便后续划线、切割工序的顺利进行。用钢板矫正机、调直压力机或摩擦压力机进行矫正。

2. 放样、划线、号料

放样是在制造金属结构之前,按照设计图样,在放样平台上用1:1的比例绘出结构图来。放样的目的是检查设计图样的正确性、确定零件毛坯的下料尺寸、制作样板。复杂或曲面构件制造时,其外形尺寸用样板检验。划线是将待加工零件的毛坯尺寸划在金属上,划线要恰当排料,使原材料得以充分利用。号料是成批生产相同外形的零件时,为减少划线工作量,对简单外形的零件也制作样板,利用样板进行划线和排料。

3. 切割

切割分为机械切割与热切割。机械切割常用剪床、锯床或电火花切割等设备进行。热切割多用氧-乙炔焰切割、等离子弧切割等。

4. 弯曲及成形

需要进行弯曲的零件在卷板机、辊轧机上进行。复杂曲面成型在冲床上进行。

5. 清理

清除零件表面上的锈、氧化物和油污,一般多采用机械清理或化学清理。机械清理常采用的方法有喷丸处理、砂轮机及铜丝刷清理、砂纸打光与抛光等。化学清理常用酸洗法(2% ~ 4%硫酸液)、碱水冲洗(Na_2CO_3溶液)等。

（二）装配工艺

焊接结构生产的装配工艺是将组成结构的零件按照相互位置加以固定组成组件、部件或结构件。

装配对零件的固定常用点固焊和装配夹具来实现。装配工序是焊接结构制造中的重要工序,它的下一道工序是焊接。

（三）焊接工艺

焊接工艺制订的原则是获得合格接头、变形小、应力小、工件翻转次数少、施焊方便及效率高。焊接工艺包括以下内容:

(1) 焊接方法与焊接材料的选择;

(2) 接头形式与坡口形式的选择;

(3) 焊接空间位置的选择;

(4) 焊接工艺参数的选择(焊接方法不同,参数内容不同);

(5) 制定其他热参数(预热温度,热处理温度等);

(6) 拟定其他具体工艺措施(辅具、夹具设计等)。

四、填写焊接生产工艺过程综合表

焊接生产工艺过程综合表如表12-2所列。

表 12-2　焊接生产工艺过程综合表示意

序　号	总成、部件、组件名称	零件名称	工艺过程简要说明	设备	工卡量具	工人等级工时定额
⋮	⋮	⋮	⋮	⋮	⋮	⋮
⋮	⋮	⋮	⋮	⋮	⋮	⋮

复习思考题

1. 焊接结构为什么会有残余应力？常见的焊接结构的变形形式有哪些？

2. 常用的焊接接头的形式有哪些？

3. 为什么焊接结构应尽量选用低碳钢来制造？

4. 为防止焊件产生应力和变形,在结构设计上应注意哪些问题？在焊接工艺上应采取哪些措施？

参 考 文 献

[1] 许音,马仙,杨晶 . 机械制造基础[M]. 北京：机械工业出版社,2000.

[2] 严绍华 . 热加工工艺基础[M]. 北京：高等教育出版社,2007.

[3] 邓文英 . 金属工艺学[M]. 北京：高等教育出版社,2010.

[4] 张万昌 . 热加工工艺基础[M]. 北京：高等教育出版社,1991.

[5] 《机械制造基础》编写组 . 机械制造基础[M]. 北京：人民教育出版社,1978.

[6] 《砂型铸造工艺及工装设计》编写组 . 砂型铸造工艺及工装设计[M]. 北京：北京出版社,1980.

[7] 张志文 . 锻造工艺学[M]. 北京：机械工业出版社,1983.

[8] 丁殿忠 . 金属工艺学课程设计[M]. 北京：机械工业出版社,1997.

[9] 骆志斌,等 . 金属工艺学[M]. 南京：东南大学出版社,1994.

[10] 张力真,等 . 金属工艺学实习教材[M]. 北京：高等教育出版社,1993.

[11] 王雅然 . 金属工艺学[M]. 北京：机械工业出版社,1994.

[12] 李魁盛 . 铸造工艺设计基础[M]. 北京：机械工业出版社,1988.

[13] 刘云,许音,杨晶,等 . 热加工工艺基础[M]. 北京：国防工业出版社,2013.